初めて学ぶ
図学と製図
改訂版

松井 悟

竹之内 和樹

藤 智亮

森山 茂章

［著］

朝倉書店

序

　図は分野を超えて協働するための媒体のひとつとして重要な役割を果たしています．他人との協働だけでなく，頭の中で思い描く形や配置を自分自身に見せて確認や操作をするときにも，図を用いた可視化が有用です．そのような図の利用は，3次元対象を扱うことが多い理工系では必須です．CADをはじめ，立体のモデルデータの生成や形状操作を利用できる環境が身近になりましたが，そのためには3D環境の効果的な活用それ自身に2Dと3Dの往還の能力が不可欠です．個人が，2次元の図と3次元の対象との往還の中で空間的な解析能力を養い，その科学的・論理的表現を習得することは，これまで以上に求められています．

　それらの能力と知識を学び身につける科目として「図学」が，また特に理工系でモノづくりのための情報表現・伝達のための論理的な表現・記録の規則について「製図」が従来から置かれてきましたが，学ぶ科目が多岐にわたるにつれて，これらのための時間が必ずしも十分に確保できない状況が生じて久しくなりました．本書は，そのような限られた時間での利用を想定して，初学者のために内容を厳選し基礎として必須の事項を中心に編まれています．翻って教員の側に立てば，限られた時間において重点的に授業で扱うべきことは何かという著者らの考えを示す書籍であるといえます．

　さて，JIS製図関連規格は，ISOとの整合・体系化が進められる中で，規格の追加や改正が行われています．初学者のために内容を基礎に絞った本書は発展的な事項の追加の影響は受けにくいのですが，設計における指示の高度化・国際化のための発展のための変更が基本事項に及ぶときには，教員の側にこれまでに馴染んだ設計・製図の用語や概念の更新を示しておく必要があります．本書は授業で扱う対象・用語を，環境の変化に対応して示すことができる書籍であり続けたいと考え，この度の改訂を行いました．

　本書の改訂については，JIS規格をはじめ関係した参考書を参照しました．これらの書籍・資料の著者の皆様に謝意を表します．一方，改訂にあたっては注意深く検討・確認を重ねましたが，思わぬ誤りもあるかと恐れています．その折に

は，本書を用いられる方々の忌憚ないご指摘，ご注意をいただければ真に幸いに存じます．

　この度は製図編の一部を更新して改訂版といたしましたが，そもそも図学と製図の両者を総合し，また，これらの科目で涵養されるべき能力を確実に身につけることができる書籍として企画された本書の旧版が，構成や執筆の全般にわたって九州大学教養部図学教室時代から図学，製図の教育に永く携わられました川北和明先生ならびに有吉省吾先生の貴重な議論，助言および多大なご協力により成り立っていることには変わりありません．改めてここに記して，衷心よりの御礼を申し上げます．

　末筆となりましたが，改訂版の刊行にあたって，お世話を頂きました朝倉書店編集部の方々に感謝いたします．

　2023 年 3 月

竹之内和樹

※本書に示している図学の練習問題は，朝倉書店のホームページ

https://www.asakura.co.jp

から，印刷用ファイルを入手できます．

『初めて学ぶ 図学と製図』 初版の序

設計とは，物と知識・技術を統合して，有用な機能を創成する創造的活動です．このとき設計者は，2次元の図を助けとしながら3次元の形状・寸法と位置・姿勢を適切に定め，その結果を2次元の図面に表現しますから，図学と製図は，ものづくりにおける思考と情報伝達のための欠かせない基礎です．

しかし，その重要性は認識されていても，他に学ぶ科目も多く，これらの基礎学習に十分な時間をとることは簡単ではありません．図学，製図それぞれに名著がある中で，第三角法の図学と機械製図とを合わせた本書を編んだのは，このような理由からです．

本書の構成において，初学者に対して多くを述べすぎないように，内容を「図学の基礎的な部分」と「製図の基礎的な要点」に限定し，図学は週1コマ（90分），製図は週2コマ（180分），それぞれ15週で，ほぼ全部を学習できるようにしました．教える側に立てば，教えるべき内容を選定した基礎に限定した本といえます．

執筆にあたり，図学の基礎部分にはイラストを多く用いて，考え方がよく分かるように工夫しました．あわせて，図と文章を，図を見ながら説明を読めるように配置にして，学ぶ側，教える側の両方にとって使いやすい本になるよう配慮しています．また，JIS規格をはじめ多くの参考書を参照させていただきました．JISの図を用いましたものには，＊印を付けてあります．ここに，日本規格協会，参考図書の著者の方がたに深く感謝申し上げます．

執筆の際には，2010年4月改訂のJIS B 0001をはじめ最新のJISを取り入れながら注意深く検討・確認を重ねましたが，思わぬ誤りもあるかと思います．その折には，本書を用いられる方々のご指摘，ご注意をいただければまことに幸いに存じます．

　本書の構成から執筆の全般にわたって，九州大学教養部図学教室時代から図学，製図の教育に永く携わられました九州芸術工科大学名誉教授 川北和明先生，元九州大学大学院准教授 有吉省吾先生には，貴重な議論，助言と，多大なご協力を頂戴しました．ここに記して，深く感謝申し上げます．また，本書の執筆から刊行に至る間，朝倉書店には大変お世話になりました．心からお礼を申し上げます．

2011 年 3 月

著 者 一 同

＊　　＊　　＊

『総合図学・製図』の序

　理工学の分野では，図を基にした理解と表現や情報の伝達と記録は，必要不可欠です．その意味で，図学と製図の教育は重要ですが，時代とともに他にも大切な専門科目が増えて，十分な教育時間がとれなくなってきました．このような状況の下で，本書の初版は図学と製図を総合し，図形に関する基礎力が効率よく修得できることを目的に，新しいスタイルの教科書として刊行されました．

　その後，さらにカリキュラムの改革が進み，ほとんどの科目が半年で完結する時代となりました．時代の変化に応じて，本書に対して改善のご希望や積極的なご意見を，寄せていただきました．近年の JIS 規格改定で，JIS B 0001 機械製図及びその関連規格が，国際性の高い規格に整備されたこともあり，お寄せいただいたご意見を基に，さらに検討を重ねて内容と構成を一新して，改訂版を刊行することとなりました．

　本書の基本方針は，① 対象者を図学・製図の初学者とし，② 教育時間を連続 2 コマ 180 分・13 回程度の時間とし，③ 内容を「図学の基礎的な部分」と「製図の基礎的な要点」のみに限定して，教科書として編むことにしました．図学編と製図編を分けてそれぞれ構成し，カリキュラムによっては，図学または製図のいずれかに重点を置いて，他を参考的に教育することもできるようにしていま

す．本書の内容は，ごく基本的な部分にとどまっておりますが，必要に応じてより詳細な専門書を読む場合，基礎として一応十分かと思います．

　本書の刊行に当たり，図学の基礎部分にはイラストを多く用いて，考え方がよくわかるように工夫しました．また，JIS 規格をはじめ多くの参考書を参照させていただきました．JIS の図を用いましたものには，＊印をつけてあります．なお，JIS の図をはじめ図の寸法数字・文字は，JIS Z 8313-1₁₉₉₈ 製図−文字−第一部の字体にすべて改めています．ここに，日本規格協会，参考図書の著書の方がたに深く感謝いたします．

　執筆に当たって，十分に検討を重ねましたが，まだ思わぬ誤りもあるかと恐れています．本書を用いられる方がたのご指導を頂ければ，まことに幸いに存じます．

　また本書の著者もかなり入れ代わりました．初版の刊行を指導された大久保先生から，教科書は時代とともに生きるものとして，先生をはじめ交代した著者の方がたにお許しいただきましたことに感謝いたします．最後に，刊行に至る間，お世話を頂きました朝倉書店に，心からお礼を申し上げます．

　1999 年 3 月

川 北 和 明

＊　　　＊　　　＊

『理工学のための 総合図学・製図』 の序

　本書は，従来別個の科目であった図学と製図を，新しい観点から総合してまとめ，図形を扱う場合に必要な基礎学力が限られた時間で習得できるように願って，理工系一般の学生のために編まれた教科書です．

　理工系の分野では，図を読んで理解し，図を用いて考え，図によって表現することが，どうしても必要なため，図学と製図の教育は欠かせないものですが，大学の理工系・工高専では，近年より専門的な習得科目が増えて，図学と製図の教

育時間が十分にとれなくなってきました.

　図学は空間的な解析能力を養い，製図はその表現能力を習得するための科目で，いずれが欠けても望ましくありませんが，場合によりいずれか1科目だけの教育や，選択科目としての教育が行なわれる例もあるようになりました.

　このような状況では，限られた時間を最大限に活用して，必要な基礎学力を学生が習得できるように，教育的な改善を考えることも必要と思います.

　その一つとして，相関連した図学と製図を総合的に検討して次のような方針を立て，新しい教科書を編むことにしました.

　①　図学と製図の基本的に必要な内容を厳選し，少ない時間で必要な基礎学力が習得できるようにする.

　②　図学または製図のいずれの教科書として用いることもでき，その場合，他は自習によっても基礎的知識が得られる参考書として活用できる.

　③　図学は，経験的にわかりやすい立体から導入して，論理的・解析的内容へと構成し，高度なものは省略する.

　④　製図は，最近制定（1984年4月）のJIS製図総則とその関連規格を全面的にとり入れ，面の肌の図示方法・幾何公差などの基本事項も加えて，今後の製図に対応できるようにする.

　上記方針に基づき著者ら一同協力して，本書を編集しましたが，今後の図学・製図の教育に少しでも役立つならば，まことに幸いに思います.　執筆にあたっては，とくに著者の分担を定めず，各章とも一同で十分に検討を重ねましたが，まだ思わぬ誤りもあるかと思います.　皆さんのご指摘，ご注意をいただければ，幸いに存じます.

　なお，本書の刊行にあたり，JIS規格をはじめ多くの参考書を参照させていただきました.　ここに日本規格協会，著者の方々に深く感謝いたします.　また，熱心にお世話下さった朝倉書店に対し，心よりお礼申し上げます.

　1985年3月

大久保正夫

川　北　和　明

目　　　次

1. 投　　　影

　　投影は，三次元の物体や空間を二次元の平面上に表す基本的な方
法で，図形を扱う上で最も重要な概念である．図は，絵とは異なり
正確な形状や寸法などを検討したり，記録し伝達する役割を果たし
ている．この情報が正しく理解されるためには，ある決められた規
則に従って表現される必要がある．
　　本章では，投影の規則とその基本的な応用例を，立体を用いて示
すことにする．

1.1　投影の概念

　三次元空間にある点Aを二次元平面上に表現するには，**図 1.1** に示すように，
点A，目の位置E（**視点** observer's eye という）の間に平面Vを設け，視点Eと
点Aを結ぶ直線が平面Vを貫く点a′を，空間の点Aの対応点とする方法があ
る．このような方法で，三次元の対象物を二次元平面上に対応させて描き表すこ
とを**投影** projection という．対象物を描く平面を**投影面** plane of projection，描か
れた図形を**投影図** projection drawing，視点と対象物を結ぶ直線を**投影線**
projector（便宜的に**視線**と呼んでもよい）という．

　投影は，投影面に対する視点の位置やこれに応じた投影線の傾きによって分類
でき，**図 1.2** に示すような名称が付けられている．

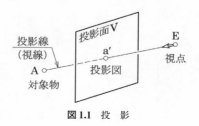

図 1.1　投　影

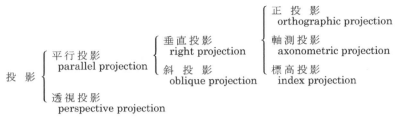

図1.2 投影法の分類

1.2 正 投 影 法

正投影法 method of orthographic projection とは，**図1.3** に示すように，おのおのの投影線が互いに平行で投影面に垂直な場合の投影法をいう．

いま**図1.4** に示すように，主要寸法の等しい角柱と円柱を垂直な投影面 V に正面から投影すると，投影図は同じ形の長方形となって区別がつかない．この場合，**図1.5** に示すように上方から投影した投影図で四角や丸の形をあわせて示すと，これら立体の形状を正確に区別できる．すなわち，正投影法では，1 つの投影図のみで対象物の形状を表すことができないため，一般に 2 つの直交する投影面上の投影図を対にしてあわせて用い，**図1.6** に示すように対象物の立体形状を表現する．

この 2 つの投影面は垂直および水平にとり，垂直な投影面を**直立面** vertical plane（略：**VP**），水平な投影面を**水平面** horizontal plane（略：**HP**），これら 2 面の交線 XY を**基線** ground line という．

また，一対の投影図は，図1.5 のようにどちらか片方（例えば HP）を，基線 XY を軸に矢印の方向に回転し，図1.6 のようにもう一方（直立面 VP）と同一平面となるまで起した状態で表現する．この場合，直立面上の投影図を**立面図** elevation または**正面図** front view，水平面上の投影図を**平面図** plan という．

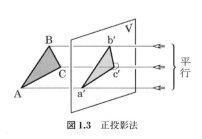

図1.3 正投影法

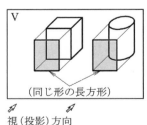

図1.4 角柱と円柱の投影

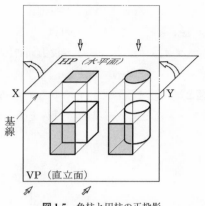

図 1.5 角柱と円柱の正投影

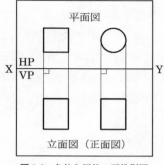

図 1.6 角柱と円柱の正投影図

1.3 第三角法と投影図の配置

いま**図 1.7** に示すように，空間は直立面，水平面で 4 つに区分できる．この区分には，第一角（象限）から第四角（象限）の名称が付けられている．第三角（象限）に対象物を配置した場合の正投影法を，**第三角法** third angle projection method という．第三角法は，**JIS 製図規格**で用いられている重要な正投影法である．以下，本書ではすべてこの第三角法を用いる．

図 1.8 は，第三角法における対象物，投影面，視（投影）線の方向の関係を示したものである．これは透明なガラスの箱に入れた立体を外側から眺めた様子と同じで，各ガラス面上に中の立体を見える通りに描いた図が，各投影面上の投影図に相当するので直感的に理解しやすい．正面図と平面図の他では，立体を右側

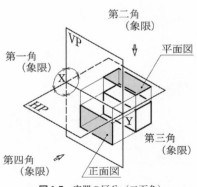

図 1.7 空間の区分（二面角）

から見た右側面上の投影図を**右側面図** right-side view という．**左側面図** left-side view や**下面図** bottom view，**背面図** rear view も同じように考えればよい．

図 1.9 は，これらの投影図の配置を示したもので，図 1.8 の各投影面をガラス箱の外側方向に展開した状態と同じ配置となる．このうち，正面図と平面図および右側面図（または左側面図）は**三面図**と呼ばれ，製図で用いられる最も基本的な投影図である．参考のため，三面図で表された機械部品の図面例を**図 1.10** に示しておく．

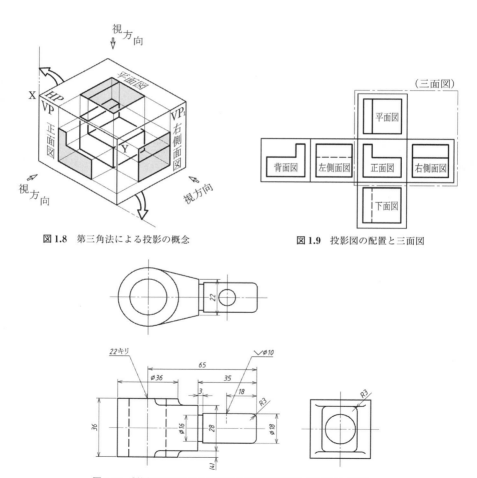

図 1.8 第三角法による投影の概念

図 1.9 投影図の配置と三面図

図 1.10 製図で用いられる機械部品の三面図の例（図 11.10 参照）

1.4 立体の三面図と作図法

　以下に，簡単な立体の三面図の作図法を示す．作図順序や作図に用いる線の種類などをよく理解し，複雑な立体も作図できることが大切である．

【作図例 1.1】　図 1.11 に示す立体の**見取図**から，この立体の三面図を描いてみよ［**図 1.12**］．

　①基線 XY，X_1Y_1 を引き，立体を包み込む最小の直方体の正面（最も形状の特徴がわかる面）図を**作図線**で薄く描く（投影図は，見取図の各辺の長さをそのまま用いて作図する）．

　②正面図を基準に，矢印に従って作図線を引き，直方体の平面図を，つぎに正面図と平面図から直方体の右側面図を作図線で描く．

　③立体の主要寸法や各頂点の位置をよく考え，立体の三面図を**外形線**と**かくれ線**で濃く描いて完成させる．

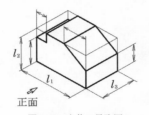

図 1.11　立体の見取図

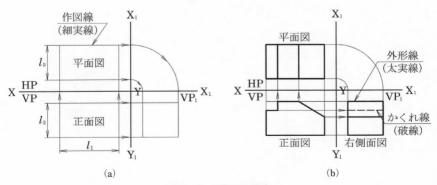

(a)　　　　　　　　　　　　　　　　(b)

図 1.12　立体の三面図

線の用法
＊作 図 線：細い実線（0.2 mm 程度）を用いる．　　　　　————
＊外 形 線：太い実線（0.5 mm 程度）を用い，筆圧をかけて濃く引く．　——
＊かくれ線：立体の見えない部分の外形線をいい，**太い破線**を用いるとよい．——

【作図例 1.2】　図 1.13 に示す立体の三面図を作図した例を図 1.14 に示す．

正面

図 1.13　立体の見取図

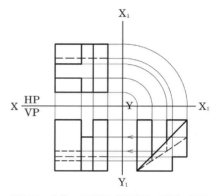

図 1.14　立体の三面図（正面図の斜面の部分
は，側面図から作図するとよい）

練 習 問 題

見取図 (a), (b), (c), (d) に示す立体の, 正面図, 平面図, 右側面図を描け. ただし, 見取図に示された視方向 (矢印の方向) を正面図に取り, かくれ線も破線で明示すること.

(a) 見取図

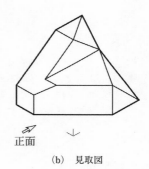

(b) 見取図

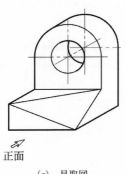

(c) 見取図

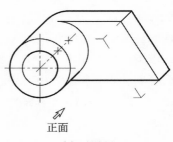

(d) 見取図

2. 点・直線・平面の投影図

　三次元の立体は，点や線や面を要素として構成されている.
　本章では，これら立体の構成要素の投影図をもとに，点や線の投影図と投影面に対する点や線の空間的な実際の関係について，理解を深めることにする.

2.1　点の投影図

　対象物の空間的位置を示すには，基準になるものが必要で，正投影では投影面がこの役割を果たしている.

　空間にある点 A に対して**図 2.1** に示すように投影面を設定すると，点 A は直立面 VP から l_1，水平面 HP から l_2 の位置にあることになる.

　図 2.2（a）は，この点 A を上方から見た状態で，直立面 VP が直線に見えて基線 XY に一致する.　平面図 a は基線 XY から l_1 の距離にあり，点 A の直立面 VP からの距離 l_1 は平面図に現れることになる.

　図 2.2（b）は，点 A を正面から見た状態で，水平面 HP が直線に見えて基線 XY に一致し，立面図 a′ が基線 XY から l_2 の距離にある.　すなわち点 A の水平面

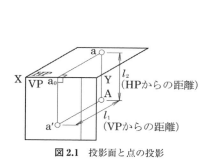

図 2.1　投影面と点の投影

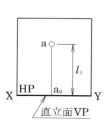

（a）上方から見た状態

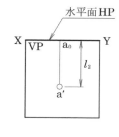

（b）正面から見た状態

図 2.2　点 A の投影図の位置

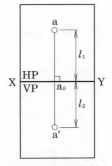

図 2.3 点 A の正投影図

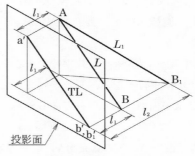

図 2.4 直線の実長（TL）

HP からの距離 l_2 は，立面図に現れる．

これら 2 つの図を合わせたものが，**図 2.3** に示す点 A の正投影図となる．

図 2.3 のような正投影図から図 2.1 に示したような空間状態を正しく想像するには，基線のもつ意味を充分認識しておくことが大切である．すなわち，**基線 XY は立面図と平面図の単なる区分線ではなく，立面図を見るときは水平面，平面図を見るときは直立面そのものを表している**ことを忘れないようにしたい．

記号の付け方				
対象物：アルファベットの大文字		A	B	C
平面図：対応するアルファベットの小文字		a	b	c
立面図：対応する小文字に ′（ダッシュ）を付ける		a′	b′	c′

2.2 直線の投影図

直線の投影図は，直線の両端点の投影図を求め，これらを結べばよい．ただし，直線の投影図は，投影面に対する直線の空間的な姿勢に応じて，その長さや投影面との傾き角が変わるので注意が必要である．

図 2.4 に示すように，投影面に平行な直線 AB の場合，これを投影面まで平行移動すると投影図 a′b′ にぴったり一致する．したがって投影図 a′b′ の長さは，直線の実際の長さ（**実長** true length，略：TL）L と同じ長さになる．すなわち，直線の実際の長さ L は直線に平行な投影面に現れることがわかる．

以下の図 2.5〜図 2.16 に，直線の基本的な姿勢の投影図を示す．これらの投影図から，直線の実長 TL や投影面との実際の傾き角など，空間での直線の姿勢を

正しく認識できることが大切である.

(1)　直線 AB が,　直立面 VP および水平面 HP に平行な場合 [図 2.5,　図 2.6]

直線 AB は直立面 VP に平行であるから,　平面図 ab は基線 XY（平面図における VP）に平行となる.　したがって,　立面図 a′b′ の長さは実長 L となる.　また, AB は水平面 HP にも平行であるから,　立面図 a′b′ も XY（立面図における HP）に平行となり,　したがって平面図 ab の長さも実長 L となる.

(2)　直線 AC が,　直立面 VP に平行で水平面 HP に角 θ 傾く場合 [図 2.7,　図 2.8]

直線 AC は VP に平行であるから,　平面図 ac が基線 XY（平面図における VP）に平行で,　立面図 a′c′ が実長 L_1 となる.　この場合,　実長を表す a′c′ と基線 XY（立面図における HP）とのなす角 θ は,　空間で直線 AC が水平面 HP となす実際の傾き角（**実角** true angle,　略：TA）である.　なお,　直線 AC は水平面 HP に平行でないため,　平面図 ac は実長 L_1 より短くなる.

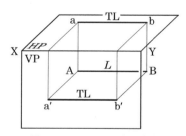

図 2.5　VP, HP に平行な直線

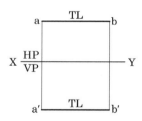

図 2.6　VP, HP に平行な直線の投影図

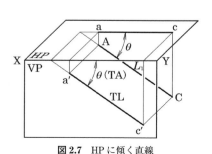

図 2.7　HP に傾く直線

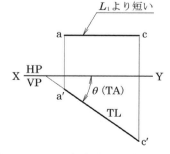

図 2.8　HP に傾く直線の投影図（VP に平行）

逆に考えれば，

①平面図 ac が基線 XY（平面図における VP）に平行なら，直線 AC は直立面に平行で，直立面上の立面図 a'c' は実長である．

②立面図 a'c' が実長ならば，これが基線 XY（立面図における HP）となす角は，直線 AC が水平面となす実角となる．

(3) 直線 AD が，水平面 HP に平行で直立面 VP に角 φ 傾く場合 ［図 2.9，図 2.10］

直線 AD は HP に平行であるから，立面図 a'd' が基線 XY に平行で，平面図 ad が実長 L_2 となる．したがって，実長 ad と基線 XY（直立面）とのなす角 φ は，空間で直線 AD が直立面となす実角 φ を表す．

(4) 直線 AE が直立面 VP に垂直，直線 BC が水平面 HP に垂直な場合 ［図 2.11，図 2.12］

直線 AE は VP に垂直であるから，AE の立面図は，端点の投影図 a'，e' が一点に重なる（**点視図** point view，略：PV）．点 a'，e' はともに基線 XY（水平面）から等しい距離にあるので，直線 AE は水平面に平行である．したがって，その

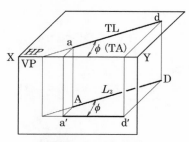

図 2.9 VP に傾く直線

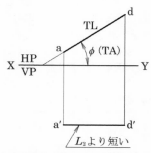

図 2.10 VP に傾く直線の投影図（HP に平行）

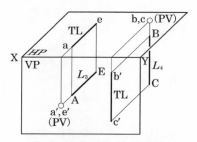

図 2.11 VP，HP に垂直な直線

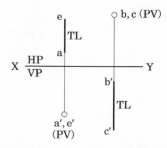

図 2.12 VP，HP に垂直な直線の投影図

平面図 ae は実長 L_3 となる.

　同様に，直線 BC は HP に垂直であるから，BC の平面図は点視図 b，c になる．したがって，直線 BC は直立面に平行で，立面図 b′c′ は実長 L_4 となる.

　このような**直線の点視図は，投影面に平行な直線の特別な投影図**で，図 2.7～図 2.10 の θ，ϕ がそれぞれ 90° の場合に相当する.

(5)　直線 CD が，側面 VP₁ に平行で，直立・水平両投影面 VP・HP に傾く場合 ［図 2.13，図 2.14］

　直線 CD は側面 VP₁ に平行であるから，立面図 c′d′，平面図 cd はともに基線 XY に垂直な直線となるが，実長ではない.

　直線 CD の実長は，CD に平行な側面 VP₁ 上に現れる．立面図 c′d′ は X₁Y₁（側面）に平行であるから，側面図 c₁d₁ が実長 L_5 となる．このとき，空間で CD が HP，VP となす傾き角 θ，ϕ の実角も同時に側面図上に表れる.

(6)　直線 AF が，すべての投影面に傾いている場合 ［図 2.15，図 2.16］

　直線 AF は，直立面・水平面・側面すべてに傾くので，立面図 a′f′，平面図 af および側面図 a₁f₁ に実長や実角は現れない.

直線の投影図で用いる記号と略号

　θ：直線が水平投影面となす角　　　ϕ：直線が直立投影面となす角

　TL：直線の実長　　　TA：直線と投影面のなす実角　　　PV：直線の点視図

直線の投影図における実長と実角

　直線の投影図が実長となるのは，直線が投影面に平行な場合のみ．

　直線の投影図と基線との交角が実角となるのは，直線の投影図が実長の場合のみ．

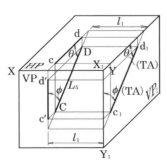

図 2.13　VP，HP に傾く直線
（VP₁ に平行）

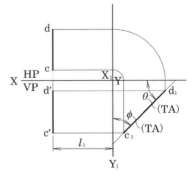

図 2.14　VP，HP に傾く直線の投影図
（VP₁ に平行）

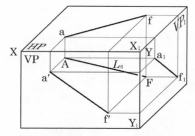

図 2.15 HP, VP, VP₁ に傾く直線

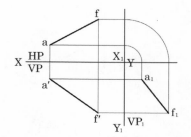

図 2.16 HP, VP, VP₁ に傾く直線の投影図

2.3 平面の投影図

平面は無限の広がりをもつが，投影図として表すには，その平面の一部分で表現すればよい．ここでは，平面を三角形で表現する．

図 2.17 に示すように，平面の三角形が投影面に平行な△ ABC の場合，三角形を平行移動するとその投影図に重なるので，投影図は実際の三角形と同じ形（**実形** true shape，略：TS）となる．三角形が投影面に傾きをもつ△ A₁B₁C₁ の場合は，平行移動しても投影図と重ならない．すなわち投影図は実形とはならない．特に，平面の三角形が投影面に垂直な△ A₂B₂C₂ の場合は，その投影図が直線（**端視図** edge view，略：EV）となる．

図 2.18〜図 2.31 に，投影面に対して空間的な姿勢が異なる，いろいろな平面の投影図を示す．いずれも平面の基本的な投影図で，それぞれの平面の姿勢と投影図の特徴をよく理解することが大切である．

(1) 平面 ABC が，直立面 VP に平行な場合 ［図 2.18，図 2.19］

平面 ABC は直立面 VP に平行であるから，平面図 abc は基線 XY（平面図における VP）に平行な直線として投影される．各辺 AB，BC，CA に着目して考えると，その平面図 ab，bc，ca はそれぞれ基線 XY すなわち VP に平行である．したがって，立面図では三辺 a′b′，b′c′，c′a′ がそれぞれ実長となるので，立面図 a′b′c′ は平面 ABC の実形となる．平面 ABC を平行移動すれば，立面図 a′b′c′ に重なるので直感的に実形とわかる．

(2) 平面 ABC が，水平面 HP に平行な場合 ［図 2.20，図 2.21］

平面 ABC は水平面 HP に平行であるから，立面図 a′b′c′ は基線 XY（水平面）に平行な直線となり，したがって平面図では各辺 ab，bc，ca が実長となる．すなわち，平面図 abc は平面 ABC の実形となる．

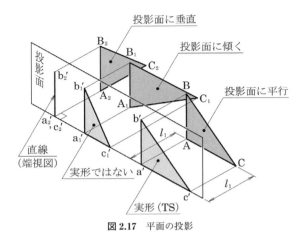

図 2.17 平面の投影

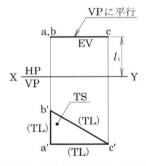

図 2.18 VP に平行な平面   **図 2.19** VP に平行な平面の投影図

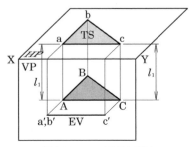

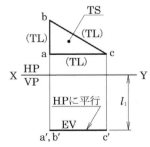

図 2.20 HP に平行な平面   **図 2.21** HP に平行な平面の投影図

(3) 平面 ABC が，直立面 VP に垂直で，水平面 HP に θ 傾く場合 ［図 2.22，図 2.23］

立面図 a′b′c′ は，平面 ABC が VP に垂直であるので，直線（端視図）になる．a′b′c′ と基線 XY（立面図における HP）との傾き角 θ は，平面 ABC と水平面 HP のなす実角である．平面 ABC は HP に平行ではないから，平面図 abc は平面 ABC の実形とはならない（注意すること）．

(4) 平面 ABC が，水平面 HP に垂直で，直立面 VP に φ 傾く場合 ［図 2.24，図 2.25］

平面図 abc は直線（端視図）で，abc と基線 XY との角 φ は，平面 ABC が直立面 VP となす実角である．平面 ABC は VP に平行ではないから，立面図 a′b′c′ は実形ではない．

(5) 平面 ABC が，側面 VP₁ に平行な場合 ［図 2.26，図 2.27］

平面 ABC は側面 VP_1 に平行であるから，直立面 VP および水平面 HP に対してともに垂直となり，立面図 a′b′c′，平面図 abc は基線 XY に垂直な直線（端視図）となる．

この場合，立面図 a′b′c′ は，直立面と側面の基線 X_1Y_1（立面図における側面）に平行となるので，側面図 $a_1b_1c_1$ が平面 ABC の実形となる．また，平面図 abc と，水平面と側面の基線 X_2Y_2（平面図における側面）との関係から考えてみても，$a_1b_1c_1$ が ABC の実形となることがわかる．

(6) 平面 ABC が，すべての投影面に傾く場合 ［図 2.28，図 2.29］

平面 ABC は，いずれの投影面にも平行ではないので，その立面図 a′b′c′，平面図 abc，側面図 $a_1b_1c_1$ は，すべて実形とはならない．

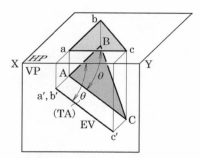

図 2.22 HP に傾く平面（VP に垂直）

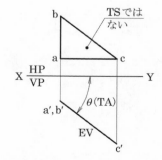

図 2.23 HP に傾く平面の投影図（VP に垂直）

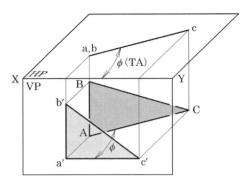

図 2.24 VP に傾く平面（HP に垂直）

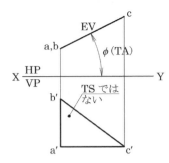

図 2.25 VP に傾く平面の投影図（HP に垂直）

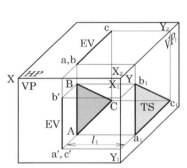

図 2.26 HP，VP に垂直な平面
（VP₁ に平行）

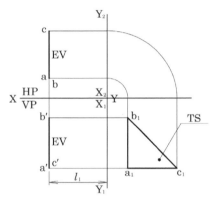

図 2.27 HP，VP に垂直な平面の投影図
（VP₁ に平行）

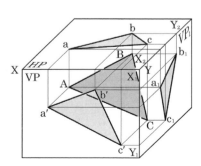

図 2.28 HP，VP，VP₁ に傾く平面

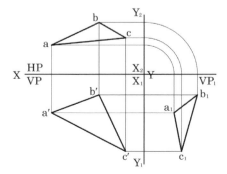

図 2.29 HP，VP，VP₁ に傾く平面の投影図

平面の投影図で用いる記号と略号

θ：平面が水平投影面となす角　　ϕ：平面が直立投影面となす角

TS：平面の実形　　　　　　　　　　EV：平面の端視図

平面の投影図における実形

平面の投影図が実形となるのは，平面が投影面に平行（平面の端視図が基線に平行）な場合のみ.

（7）　平面 ABC の表面と裏面

図学では，平面を不透明な面として取り扱う. したがって，**平面には，表側の面と裏側の面がある**ことになる.

図 2.30 は，平面 ABC の投影図であるが，この場合は立面図 a′b′c′ と平面図 abc はともに，平面 ABC の同じ側の面（仮に表側の面）が投影されている. これに対して**図 2.31** の場合では，立面図 a′b′c′ は平面 ABC の表側の面が投影され

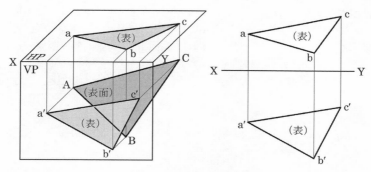

図 2.30　同じ面が見える平面の投影図

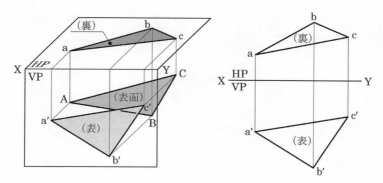

図 2.31　異なった面が見える平面の投影図

ているが，平面図 abc は裏側の面が投影されている.

　平面の表・裏については，次章以降で学ぶ平面と直線，平面と平面などの交わりを作図によって求める場合，立面図，平面図にいずれの側の面が投影されているのか，きちんと判別できることが必要である.

練 習 問 題

(1) 点 A は，水平面の下方 1 cm，直立面の後方 1 cm の位置にある.

　a) つぎの直線の投影図を求めよ.

　　イ）　長さ 3 cm で，水平面に垂直な直線 AB

　　ロ）　長さ 4 cm，水平面に平行で，垂直面と 45° をなす直線 AC

　　ハ）　直立面に平行で水平面と 30° をなし，D 端が水平面の下方 3 cm にある直線 AD

　b) 直線 AB の立面図は基線と 30°，平面図は基線と 45° をなし，B 端は直立面の後方 4 cm にある. 直線 AB の立面図，平面図および右側面図を求めよ.

(2) 平面 ABC の実形を求めよ.　(3) 平面 ABC の右側面図を求めよ. この場合，平面 ABC の立面図で見えている面を仮に表側の面とすれば，平面図および右側面図は，表側の面が見えるか，裏側の面が見えるか.

　　　　　　　　　　　　　　　平面図：(　) 側の面，右側面図：(　) 側の面

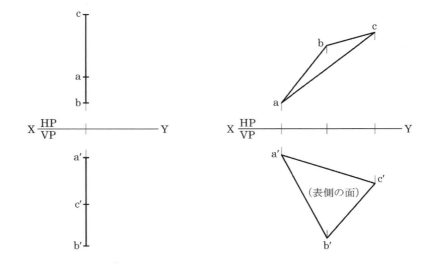

3. 副投影法

第2章で学んだように，投影面に対する直線や平面の空間的な姿勢により，投影図に実長や実形が表れない場合がある．しかし現実的な問題として，対象物の形状や寸法の認識には，実際の形状や長さが必要である．我々は建物や大きな彫像の形状を正しく認識するため，その正面に回って眺めるが，これと同じことを図形で行うことができる．

本章では，対象物を真正面から見るように視線の方向を変えて，実長や実形を求める方法を学ぶことにする．

3.1 副投影法の原則と副投影図

図3.1 に示す立体の斜面 A の実形は，直立面・水平面・右側面の投影図には表れない．すでに学んだように，平面の実形となる投影図は，その平面に平行な投影面に表れる．したがって，**斜面 A の実形を求めるには，この斜面に平行な投影面を設ければよい**．このような投影面を設けることは，斜面をその正面から見ることに相当する．

いま，**図3.2** に示す空間の点 A を，直立面と任意の角度 α をなす方向から見

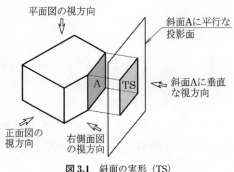

図3.1 斜面の実形（TS）

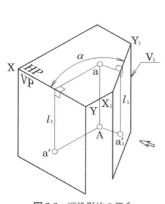 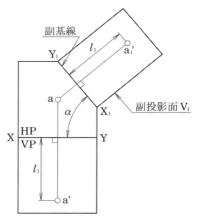

図 3.2 副投影法の概念 **図 3.3** 点の副投影図（HP は共通）

てみよう．任意の角 α の方向から見ることは，図学的にはこの視方向に垂直な新しい投影面 V_1 を，直立面 VP と α をなす方向に設けて投影することに相当する．

点 A と水平面 HP との距離 l_1 は，正面図の方向から見ても，新しい投影面の方向から見ても，水平面が共通であるので同じである．すなわち，XY（水平面 HP）と直立面 VP 上の立面図 a′ との距離 l_1 と，X_1Y_1（水平面 HP）と新しい投影面 V_1 上の投影図（立面図）$a_1′$ との距離 l_1 は等しい．

したがって **図 3.3** に示すように，点 A の平面図 a から X_1Y_1 に垂線を引き，XY と立面図 a′ との距離 l_1 に等しい長さを X_1Y_1 から垂線上にとれば，新しい立面図 $a_1′$ が求まる．

このように任意の視方向に応じて設けた投影面 V_1 を **副投影面** auxiliary plane of projection，X_1Y_1 を **副基線** auxiliary ground line，副投影面上の投影図 $a_1′$ を **副投影図** auxiliary projection といい，この一連の作図法を，一般に **副投影法** auxiliary view method と称している．

この副投影法は，対象物を任意の方向から見た投影図を得る方法であり，この考え方を拡張すれば，さらに新しい方向から見た投影図を得ることもできる．例えば，**図 3.4** に示すように，平面図 a に対する副投影図 $a_1′$（**第一副投影図**という）だけでなく，$a_1′$ に対するつぎの副投影図 a_2（**第二副投影図**）なども，同様の方法で作図できる．また，立面図 a′ に対する副投影図 a_3 も同様に作図できる．

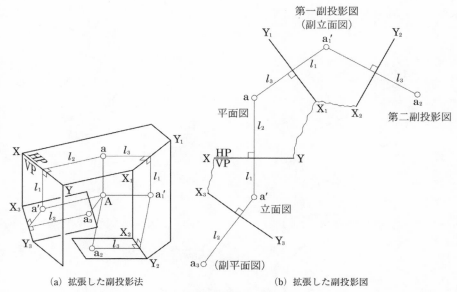

(a) 拡張した副投影法   (b) 拡張した副投影図

図 3.4 副投影図と記号

これらの副投影図や各副基線の記号は，立面図と平面図が交互に表れるものとして，図 3.4 を参考に順次添字を付ければよい.

3.2 直線・平面・立体の副投影図

図 3.5～図 3.7 に，直線，平面および立体について，さまざまな副投影面を設定した場合の副投影図の作図例を示す．立体の副投影図は，図 3.7 に示すように，見える稜線・見えない稜線の判断が必要になる．機械的な作図ではなく，対象物に対する視方向をよく考えて作図することが大切である.

なお，立体の副投影図は，製図における補助投影図としてよく利用される．参考のため，**図 3.8** に副投影法を適用した機械部品の例図（部分投影図）を示しておく.

3.3 副投影法による図形解析

副投影法は，図形を取り扱う際に実長や実形を求める方法として重要な方法である．以下に，副投影法を用いて直線の実長や平面の実形を求めたり，複数の直線や平面の空間的な上下や前後の関係を解析する作図方法を示す.

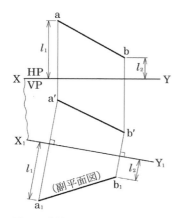

図 3.5　直線の副投影図（VP は共通）

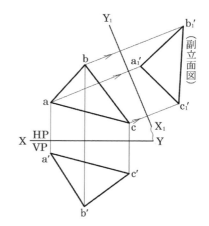

図 3.6　平面の副投影図（HP は共通）

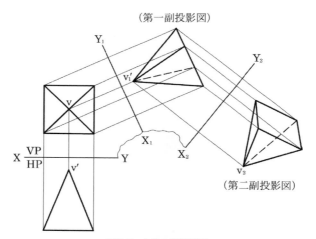

図 3.7　立体の副投影図

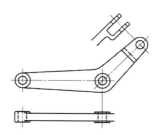

図 3.8　機械部品の部分投影図（図 9.12 参照）

3.3.1 直線の実長・実角および点視図

(1) 直線の実長と実角

直線の投影図が実長となるのは，直線と投影面が平行な場合であった［図 2.4 参照］．したがって，**図 3.9** に示すように，平面図 ab に平行に副基線 X_1Y_1 を設定すれば，直線 AB に平行で HP に垂直な投影面を設けたことになり，この投影面上の副投影図（副立面図）$a_1'b_1'$ は実長となる．さらに，X_1Y_1 は副立面図では水平面 HP を表しているので，実長 $a_1'b_1'$ と X_1Y_1 とのなす角が，直線 AB が水平面となす実角 θ となる．

また**図 3.10** に示すように，立面図 $a'b'$ に平行に副基線 X_1Y_1（AB に平行で，直立面 VP に垂直な投影面）を設定すれば，副平面図 a_1b_1 は実長となり，a_1b_1 と X_1Y_1 とのなす角が，AB が直立面となす実角 ϕ となる．

(2) 直線の点視図

直線の投影図が点となるのは，直線がその投影面に垂直な場合で，このとき対をなす投影図に実長が表れることはすでに学んだ［図 2.11，図 2.12 参照］．逆にいえば，実長に垂直な投影面を設ければ，直線は点に投影されることになる．

図 3.11 に示すように，まず直線 AB の投影図が実長となる第一副投影図 $a_1'b_1'$ を求める．つぎに実長 $a_1'b_1'$ に垂直な副基線 X_2Y_2（投影面）を設定する．平面図 ab が副基線 X_1Y_1 に平行，すなわち a，b ともに X_1Y_1 から等しい距離にあるから，第二副投影図で a_2，b_2 が重なって一点に投影される．

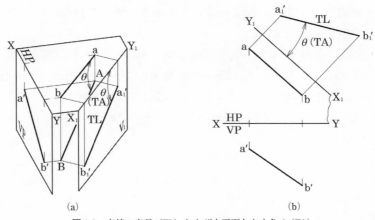

(a)　　　　　　　　　　　　　　(b)

図 3.9 直線の実長（TL）および水平面となす角 θ（TA）

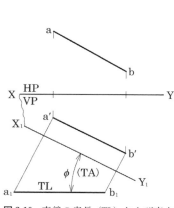

図 3.10 　直線の実長（TL）および直立
　　　　　　面となす角 ϕ（TA）

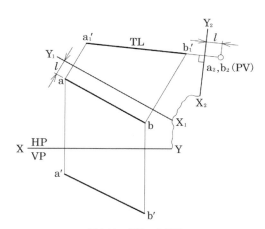

図 3.11 　直線の点視図

3.3.2　平面の端視図と実形

（1）　平面の端視図（投影図が直線）

図 3.12 に示すように，うちわ（平面）の柄（同じ平面上の直線）が点に見える方向から見ると，うちわの面全体は直線として見える．平面の端視図，すなわち平面を直線として投影する方法はこれと全く同じで，平面上にある直線の点視図を利用すればよい．この場合，一般につぎに示す作図手順による．

①平面上に実長線を引く　[**図 3.13**]

平面 ABC の立面図上で，頂点 c' から基線 XY に平行線を引いて辺 $a'b'$ との交点 $1'$ を求める．立面図 $1'$ の平面図 1 を辺 ab 上に求めて頂点 c と結べば，立面図 $c'1'$ が XY に平行であるから，平面図 c1 は実長線となる．

すなわち，辺 AB は平面 ABC の構成要素であり，点 1 はこの辺 AB 上にあるので，直線 C1 は平面 ABC 上にあり水平面 HP に平行な直線となる．したがって，直線 C1 の平面図 c1 は，平面 ABC 上に引いた実長線となる．

同様に，平面図 a2 を XY に平行に引けば，その立面図 $a'2'$ も平面 ABC 上に引いた実長線となる．

②平面の端視図を作図する　[**図 3.14**]

例えば，① で求めた平面 ABC 上の実長線 c1 に，垂直な副基線 X_1Y_1 を設定すれば，図 3.12 に示したうちわと同様に，副立面図 $c_1'1_1'$ は点視図に，$a_1'b_1'c_1'$ は一直線となり，平面 ABC の端視図が得られる．

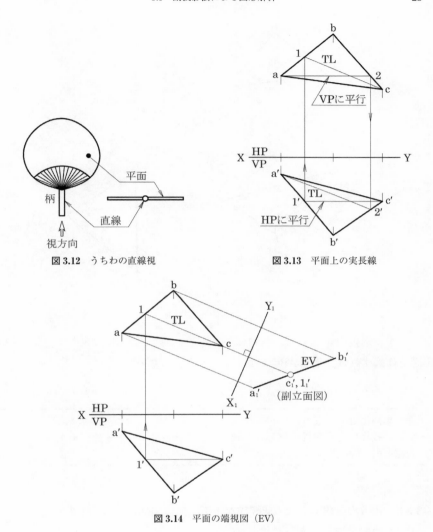

図 3.12 うちわの直線視

図 3.13 平面上の実長線

図 3.14 平面の端視図（EV）

また，① の実長線 a'2' を点視するように作図すれば，副平面図が同様に端視図となる（試みに作図して，確かめてみよ）．

(2) 平面の実形

図 2.18, 図 2.19 で示したように，平面が投影面に平行な場合に投影図は実形となった．このとき，対をなす投影図は，基線に平行な直線となる．

したがって，**図 3.15** に示すように，まず平面 ABC の端視図 $a_1'b_1'c_1'$ を作図

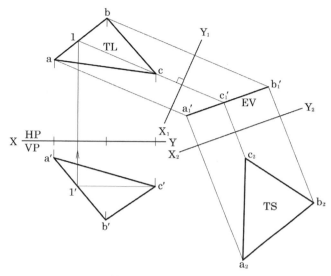

図 3.15 平面の実形 (TS)

し，つぎに端視図 $a_1'b_1'c_1'$ に平行な副基線 X_2Y_2 （投影面）を設定して，第二副投影図を作図すれば，平面 ABC の実形 $a_2b_2c_2$ が得られる．

平面の単純化処理

　平面の投影図を端視図や実形に単純化して考えるには，まず，平面上に 1 本の実長線を引くのが基本．

3.3.3　複数の直線や平面の空間的な上下，前後関係と副投影図の利用

(1)　2 直線の交わりとねじれ

2 直線 AB，CD が空間の一点 P で交わる場合，その投影図は，**図 3.16** に示すように，両直線の立面図での交点 p′ と平面図での交点 p は，一つの点として対応している．

　2 直線 AB，CD がねじれ（平行でなく，交わってもいない）の位置にある場合，その投影図は，**図 3.17** に示すようになる．

　図 3.17 の立面図上の交点 p′ は，平面図上の 2 点 p_1，p_2 が重なった投影図であ

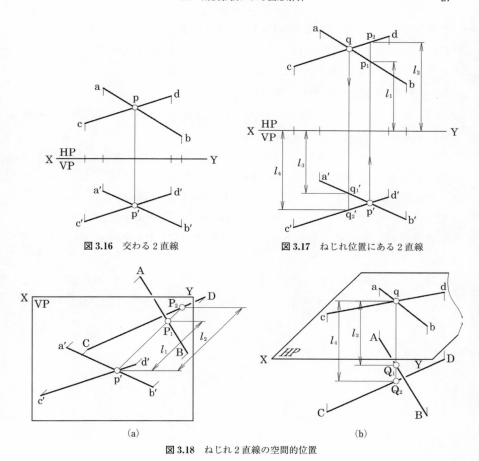

図 3.16 交わる 2 直線

図 3.17 ねじれ位置にある 2 直線

(a)

(b)

図 3.18 ねじれ 2 直線の空間的位置

る．すなわち**図 3.18**（a）に示すように，2 直線 AB，CD を正面から見ると，直立面に近い AB 上の点 P_1 と，その後方にある CD 上の点 P_2 が重なって見える．この P_1，P_2 が重なって見える直立面上の位置が立面図の交点 p′ である．図 3.17 からわかるように，直立面から P_1，P_2 までの距離 l_1，l_2 は，上方から見た平面図上に XY（直立面）から p_1，p_2 までの距離として表われる．

同様に図 3.18（b）を参照すれば，図 3.17 の平面図上の交点 q は，水平面に近い AB 上の点 Q_1 とその下方にある CD 上の点 Q_2 の立面図 q_1′，q_2′ が重なった投影図であることがわかる．この場合，水平面から Q_1，Q_2 までの距離 l_3，l_4 は，図 3.17 の立面図上に XY から q_1′，q_2′ までの距離として表れる．

このように，ねじれ2直線の投影図上に表れる交点は，2点が重なって見える見かけ上の交点で，空間における2直線の間には，投影面からの距離に差があることをよく理解することが大切である.

(2)　直線と平面との交わり（交点）

直線と平面との交わり（交点）の投影図は，平面の端視図（直線視図）と直線の投影図との交点を求めればよい.

図 **3.19** に示すように，XY に平行に c′1′ を引いて平面 ABC 上に実長線 c1 を作図し，平面 ABC が端視図となる副立面図を作図する. 平面の端視図 a₁′b₁′c₁′ と直線 l₁′m₁′ との交点 p₁′ が，求める交点 P の副立面図となる.

交点 P は直線 LM 上の点であるから，点 p₁′ から平面図 lm 上に p，さらに p から立面図 l′m′ 上に p′ を対応させて作図すれば，交点 P の両投影図 p，p′ が求まる.

なお，平面は不透明であるから，直線の見える部分・見えない部分を判断して投影図を完成させる必要がある. この判断には，つぎに示す手法 ①，② を利用するとよい.

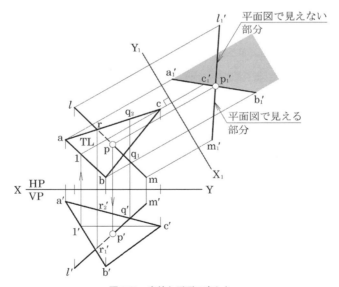

図 3.19　直線と平面の交わり

◆投影図上の，直線 LM の見える部分と見えない部分の判断方法

① 副投影図の利用

正投影法では，投影面により近いものが見え，これより後方にあるものは前のものにじゃまされて見えなくなる．

図 3.19 における副立面図を見ると，直線 $l_1'm_1'$ の $p_1'm_1'$ 部分は平面 ABC の端視図 $a_1'b_1'c_1'$ の上方（HP に近い方）にあり，$p_1'l_1'$ 部分は下方にある．したがって，平面図上では，pm 部分が見え，pl 側は平面の下方にある部分 pr が見えないことになる．この見えない部分は，かくれ線（太い破線）で描く．

また副立面図より，**平面と交わる直線の見える部分は，平面の見えている面（表面または裏面のどちらか一方）と同じ側にある**ことがわかる（用紙や三角定規に鉛筆を貫通させて，確認してみるとよい）．図 3.19 では，平面 ABC の立面図 $a'b'c'$ は，平面図 abc と同じ面が見えている．したがって，直線の立面図 $l'm'$ は，平面図と同じく m' 側が見える部分，l' 側が見えない部分となる．

② 見かけ上の交点の利用

直線の見える側と見えない側の判断には，図 3.17，図 3.18 で示した見かけ上の交点と距離差を利用することができる．

図 3.19 の立面図で直線と平面の一辺との交点，例えば $l'm'$ と $a'c'$ との交点 q' は，その平面図 lm 上の点 q_1 と ac 上の点 q_2 が重なって投影された点である．この平面図から，点 q_1 が VP に近く，点 q_2 はその後方にあることがわかる．したがって，立面図では直線の m' 側が見えることになり，同時に，交点 p' から反対側の l' 側が見えないことは容易に理解できよう．

同様に，平面図における交点 r を利用すれば，立面図から辺 $a'c'$ 上の点 r_2' が HP に近く，直線 $l'm'$ 上の点 r_1' はその下方にあることがわかる．したがって，平面図では直線の l 側が見えず，m 側が見えることになる．

(3) 平面と平面の交わり（交線）

2 つの平面の交線は，1 つの平面が端視図となる副投影図を作図し，この端視図と他の平面の 2 辺との交点を求めることで得られる．

図 3.20 に示すように，平面 ABC が端視図となる副立面図を作図する．副立面図上で $e_1'f_1'$，$d_1'f_1'$ と平面の端視図 $a_1'b_1'c_1'$ との交点 p_1'，q_1' を求めれば，平面図上に p，q，立面図上に p'，q' が求まる．2 平面の交線はこれらを結んだ直線 p_1' q_1' となるが，平面図（または立面図）から明らかなように，点 Q は平面 ABC

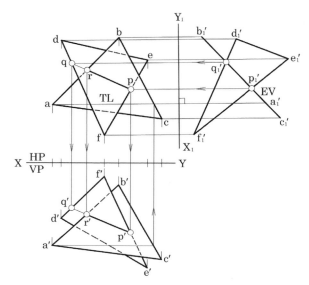

図 3.20　平面と平面の交わり

の外側にある．したがって，この場合の 2 平面の交線は，PQ と AB との交点 R
と点 P を結んだ pr, p′r′ となる．

　この部分は，2 平面の交わりで最も誤りやすい部分である．以下に示す詳細な
説明を参照し，正しく理解することが大切である．

　上記の点 Q は，**図 3.21** によってその空間的な意味が理解できよう．すなわち
図 3.21（a）に示すように，平面 ABC を拡大した広い平面 A_1B_1C の場合は，平
面 DEF の 2 辺 EF，DF がともに平面 A_1B_1C を点 P，Q で貫くので交線は PQ と
なる．しかし，図 3.21（b）の平面 ABC の場合，辺 AB は，点 Q を越えた位置
A_1B_1 まで広がらず，交線 PQ 上の点 R で平面 DEF を貫いている状態である．し
たがって，この場合の交線は PR となる．

　以上により 2 平面の交線を求めた後，両平面の見える辺と見えない辺を判断し
て，2 平面の両投影図を完成させる．点 F は平面図，立面図より，水平面に最も
近く，また直立面に最も近いことから，交点 P，Q から点 F を含む辺の部分が見
える側になる（わかりにくいときは，図 3.19 に示した ①，② いずれかの方法を
利用すればよい）．

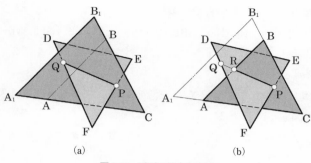

図 3.21 平面の拡大と交線

対象物の見える・見えないの判断
　2 直線の見掛け上の交点を利用し，その前後，上下を判断するのが簡単.

---

(4) 二平面の交角

　図 3.22 (a) に示すように，2 つの平面 I，II の交角は，2 平面に垂直な平面 ABC と 2 平面との交線 AB，AC のなす角 α をいう.

　図 3.22 (b) に示すように，2 平面の交線 PQ を点視する方向から見ると，この交線 PQ に垂直な平面 ABC は実形となるので，辺 AB と AC のなす角が二平面の交角 α の実角となる. すなわち，2 つの平面 I，II の交線 PQ を点視する副投影図を作図すれば，2 平面の副投影図はともに端視図の直線となり，同時に α の実角も得られる.

　この手法は，任意の傾きをもつ 2 平面を，**副投影図を利用して同時に端視図と**

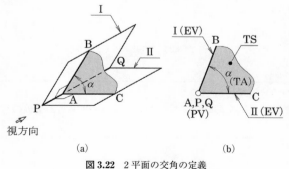

図 3.22 2 平面の交角の定義

する**基本的な方法**で，図形解析では多用される．

【作図例3.1】 2つの平面 ABC，ABD の交角 α を求めよ ［**図3.23**］．

① 2つの平面の交線 AB の平面図 ab に平行な副基線 X_1Y_1 を設定して，その実長 $a_1'b_1'$ を求める．

② 求めた実長に垂直な副基線 X_2Y_2 を設定して第二副投影図を作図すれば，交線 AB は点視図 a_2, b_2 となる．

このとき，2つの平面 ABC，ABD はともに端視図の直線として投影され，2平面の交角 α（実角）が得られる．

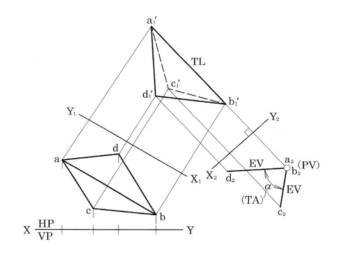

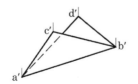

図3.23 2平面の交角

異なる2平面の同時端視図

平行でない2つの平面を同時に端視図とするには，2平面の交線の点視図を作図すればよい．

練 習 問 題

(1) 副投影法を用いて，a)〜d) を求めよ.

  a) 直線 AB の実長

  b) 直線 AB が水平面 HP となす角 θ

  c) 直線 AB が直立面 VP となす角 ϕ

  d) 直線 AB の点視図

(2) 副投影法を用いて，平面 ABCDE の平面図を完成せよ.

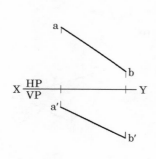

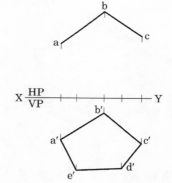

(3) 正四角錐を切断した立体の第一副投影図，第二副投影図を求めよ. かくれ線を破線で明示すること.

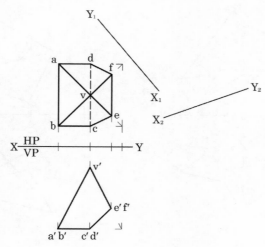

(4) 平面 ABC 上に，頂点 C を中心とした半径 *l* の円を描いたとき，円弧が平面 ABC の辺と交わる点 P，Q，R…の投影図を求めよ．

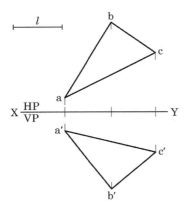

(5) 副投影法を用いて，互いに交わる直線 LM と平面 ABC の投影図を完成せよ．

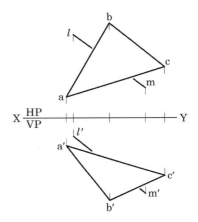

(6) 副投影法を用いて，互いに交わる 2 平面 ABC，DEF の投影図を完成せよ．

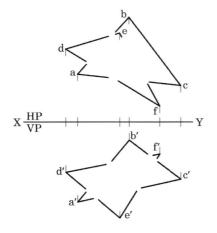

(7) 交わる 2 平面 ABC，ABD に，同時に接する球 O の平面図と立面図を求めよ．ただし，球の中心 O は直線 LM 上にある．

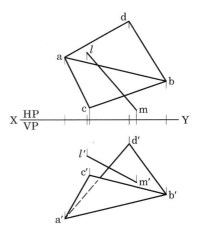

4. 回 転 法

　　小さな物を調べる場合，我々は形状がよく見えるように対象物を手で回して眺め認識するが，これと同じことを図形で行うのが回転法といわれる方法である．

　　本章では，前章の副投影法とは逆に視線の方向を固定し，対象物をその正面が見えるように特定の軸回りに回転させることで，実長や実形を求める作図法を学ぶことにする．

4.1　点の回転

　　図 **4.1** は，円板に垂直な軸を通したこまを示したものである．正面から見ると軸が実長に見え，円板は軸に垂直な直線として見える．こまを回転した場合，上から見ると円板の外周上の点 A は，O を中心として半径 OA の円を描く．点 A を正面から見ると，直線として見える円板の上を左右に動く．

　　この例のように，空間にある点を回転させる場合，作図する上で回転軸の設定を投影面に垂直，すなわち 1 つの投影面に点視図，他の投影面に実長が表れるよ

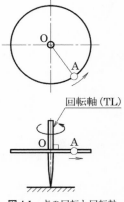

図 4.1　点の回転と回転軸

うに取ると理解しやすい.

(1)　回転軸が水平面に垂直な場合

図4.2は，図4.1に示した点Aの回転を，投影図で示したものである.

回転軸O_1O_2が水平面に垂直であるから，その平面図は点o_1, o_2が1点に重なった点視図，立面図$o_1'o_2'$は実長となる.　点Aを，平面図でO_1O_2を軸にaの位置からa_1の位置まで回転させれば，これに対応して立面図a'は基線XY（HP）に平行にa_1'まで移動する.　さらに点Aを回転させると，平面図上ではoを中心，oaを半径とする円になり，立面図上では回転軸$o_1'o_2'$に垂直すなわち基線XYに平行な直線$a_1'a_2'$となる.

(2)　回転軸が直立面に垂直な場合

図4.3に示すように，回転軸が直立面に垂直な場合の投影図も同様である.　すなわち回転軸O_1O_2が直立面に垂直であるから，その立面図が点視図o_1', o_2'，平面図o_1o_2が実長となる.　点Aの回転軌跡は，立面図上ではo'を中心，$o'a'$を半径とする円になり，平面図上では回転軸に垂直（XYに平行）な直線a_1a_2となる.

4.2　直線の回転と実長・実角

直線を視方向に垂直な軸の周りに回転すると，直線の実長が直接見える位置がある.　例えば**図4.4**に示すように，直線の端点Bを通り水平な面に垂直な回転

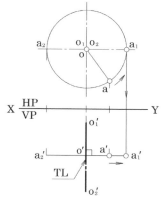

図4.2　点の回転投影図
（軸はHPに垂直）

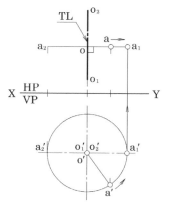

図4.3　点の回転投影図
（軸はVPに垂直）

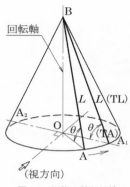

図 4.4　円錐の軸と母線

軸 BO を定めて，他端 A をこの軸まわりに回転させる場合を考えてみよう．

　点 A の 1 回転によって，直線 AB の軌跡は円錐面となる．円錐は母線の長さおよび底平面となす角（底角）が一定であり，これらは底円弧上の点 A の位置に依存しない．この円錐を，正面（図の視方向）から見ると二等辺三角形に見えるが，点 A が A_1 または A_2 の位置にあるとき，円錐の母線すなわち直線 AB は実際の長さ L が見える．同時に直線 AB が円錐の底平面となす角 θ も，実角として表れる．

(1)　回転軸が水平面に垂直な場合

　図 4.5 に示すように，直線 AB の B 端を通り，水平面に垂直な回転軸 BO を設定し，AB をこの軸のまわりに回転させると，軸が HP に垂直な円錐面ができる．

　点 A の回転により，平面図では a が円を描き，立面図では a′ が水平面（XY）に平行に移動する．点 A が平面図で a_1 または a_2 の位置にあるとき，直線 AB は直立面に平行であるから，直線 AB の実長は立面図で $a_1'b'$ または $a_2'b'$ の長さとして得られる．

　これを実際の作図で示したのが**図 4.6** である．このとき実長と同時に，円錐の底角 θ すなわち底平面と平行な水平面となす直線 AB の実角 θ が得られる．この場合，点 A の回転に伴って直線 AB の実長 L や水平面となす実角 θ は変化しないが，直線 AB が直立面となす角は変化するので注意する必要がある．

　これは重要な作図法であるから，つぎの例題で作図の方法と，その考え方をよく理解することが大切である．

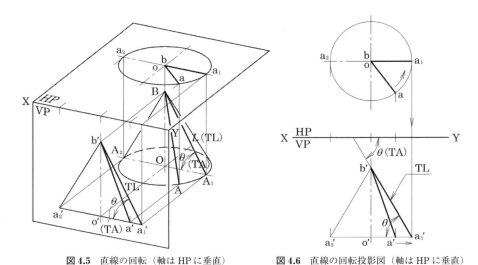

図 4.5 直線の回転（軸は HP に垂直）　　　図 4.6 直線の回転投影図（軸は HP に垂直）

【作図例 4.1】　直線 AB の実長 *L* および水平面となす角 θ を求めよ ［**図 4.7**］.

　①直線 AB の平面図 ab の a を，b を中心に基線 XY（VP）に平行な位置まで回転して ba$_1$ を求める．（仮想的な円錐の軸は，点 B を通り HP に垂直）

　②つぎに点 A の立面図 a′ から XY（HP）に平行に引いた直線上に，平面図 a$_1$ の対応点 a$_1$′ を求める．

　平面図 ba$_1$ が XY（VP）に平行であるから，立面図 b′a$_1$′ は直線 AB の実長である．b′a$_1$′ と a′a$_1$′（仮想円錐の底平面）とのなす角 θ は，直線 AB と水平面 HP

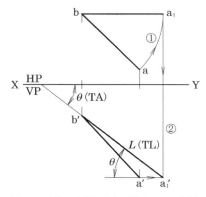

図 4.7 直線の実長と実角（軸は HP に垂直）

がなす実角となる.

(2) 回転軸が直立面に垂直な場合

回転軸を直立面に垂直にとった場合は，直線の実長および直線と直立面とのなす角が得られる.

図 4.8 に示すように，直線 AB の B 端を通り，直立面に垂直な回転軸 BO を設定し，AB を軸 BO のまわりに回転させる.

点 A の立面図 a′ は円を描き，平面図 a は XY（VP）に平行に移動する. 点 A が立面図 a₁′ または a₂′ の位置にあるとき，AB は水平面に平行な状態であるから，平面図 a₁b または a₂b が直線 AB の実長を表す.

これを実際の作図で示したのが**図 4.9** である. この場合は，直線 AB の実長 *L* と同時に直線 AB と仮想円錐の底角すなわち直立面 VP となす実角 φ が得られる. ただし，点 A の回転に伴って直線 AB が水平面となす角は変化する.

【作図例 4.2】 直線 AB の実長 *L* および直立面となす角 φ を求めよ ［**図 4.10**］.

①直線 AB の立面図 a′b′ の a′ を，b′ を中心に基線 XY（HP）に平行な位置まで回転して b′a₁′ を求める.（仮想的な円錐の軸は，点 B を通り VP に垂直）

②つぎに点 A の平面図 a から XY に平行に引いた直線上に，立面図 a₁′ の対応点 a₁ を求める.

立面図 b′a₁′ が XY（HP）に平行であるから，平面図 ba₁ は直線 AB の実長 *L*,

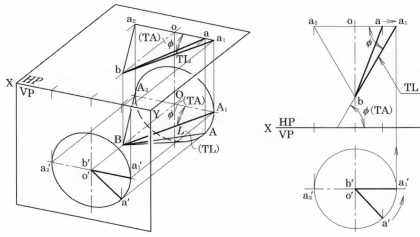

図 4.8 直線の回転（軸は VP に垂直）　　　**図 4.9** 直線の回転投影図（軸は VP に垂直）

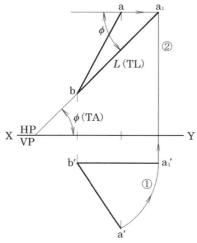

図 4.10　直線の実長と実角（軸は VP に垂直）

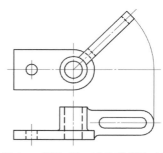

図 4.11　製図で用いる回転投影図の例
（図 9.16 参照）

ba_1 と aa_1（仮想円錐の底平面）とのなす角 ϕ は，直線 AB が直立面 VP となす実角を表す.

　以上，4.1，4.2 節で示したような，空間の対象物を回転させて，必要な投影図を得る作図法を一般に**回転法** revolution method と称している．回転法は，副投影法と並ぶ重要で基礎的な作図法であり，製図でもこれを利用した表現がしばしば用いられる.

　参考のため，**図 4.11** に製図における使用例を示しておく.

4.3　回転法による図形解析

　回転法は，副投影法に比較して作図量がきわめて少なく簡明であるが，思わぬ誤りを犯しやすい．以下に，回転法を用いた直線の作図例を示すので，その考え方と応用方法を正しく理解しておくことが大切である.

　なお**図 4.12** に示すように，回転法では，回転軸は必ずしも直線の端点を通る必要はなく，同じ手法で実長や実角を得ることができる.

【作図例 4.3】　直線 AB は，長さ 6 cm で A 端は直立面の後方 2.5 cm，水平面の下方 5 cm，B 端は直立面上にあり，水平面と 45° をなす．この直線 AB の投影図を求めよ［**図 4.13**］.

　①与条件から，点 A の平面図 a，立面図 a′ を決定する.

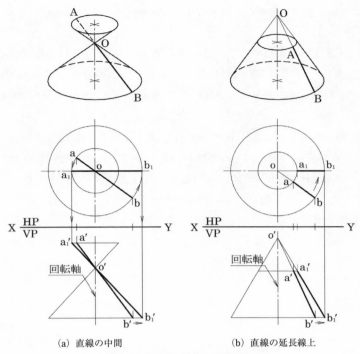

(a) 直線の中間   (b) 直線の延長線上

図 4.12 回転軸の設定と直線の回転

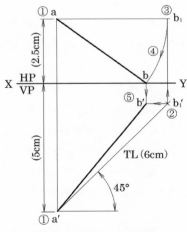

図 4.13 作図例 4.3 の解法

②a′より引いた XY と 45°（実角）をなす直線上に a′b₁′＝6 cm の点 b₁′ を求める.

③a′b₁′ が実長であるためには，その平面図 ab₁ は VP に平行でなければならない. したがって，a より XY に平行な直線を引き，この直線上に b₁′ の対応点 b₁ をとり，平面図 ab₁ を求める（AB の実長 6 cm，HP との角度 45°の条件を満足）.

④直線 AB₁ の実長および HP となす角を変えないで，B₁ 端を VP 上に移動させるには，A 端を通る HP に垂直な回転軸まわりに直線 AB₁ を回転させればよい（頂点 A，母線 AB，底角 45°の倒立円錐を想像するとよい）. すなわち，平面図で a を中心とし，ab₁ を半径とする円弧と基線 XY（VP）との交点 b を求めると，ab が与条件を満足する直線の平面図となる（B 点が VP 上の条件を満足）.

⑤ b₁′ から XY に平行に引いた直線上に b の対応点 b′ を求める（b₁ が回転すると，VP 上で b₁ は XY に平行に移動する）. ab，a′b′ が与条件を満足する直線の投影図である.

【作図例 4.4】　直線 AB の平面図 ab および B 端の立面図 b′，直線の実長 L が与えられている. 直線 AB の投影図を完成させよ.

（**解法 I**）立面図上で実長を得る作図［**図 4.14**（a）］

①点 b を中心に，平面図 ab を VP に平行な位置まで回転して a₁b を求める.

②a₁b の立面図は実長となるので，a₁ から XY に下ろした垂線上に a₁′b′＝L となる点 a₁′ を求めれば，a₁′b′ が実長線の立面図となる.

③a₁ を最初の位置 a に回転して戻す. 立面図で a₁′ から XY に平行に引いた直線上に a の対応点 a′ を求める. a′b′ が求める投影図となる.

（**解法 II**）平面図上で実長を得る作図［図 4.14（b）］

①a より XY に平行に引いた直線上に，a₁b＝L となる点 a₁ を求める.

②a₁b が実長であるためには，立面図 a₁′b′ は XY に平行でなければならないので，b′ から XY に平行に引いた直線上に a₁ の対応点 a₁′ を求める.

③点 a₁ を最初の点 a の位置に戻す. b′ を中心に a₁′b′ を回転し，a₁′b′ を半径とする円弧上に，a の対応点 a′ を求める. a′b′ が求める投影図となる.

なお，この作図例の問題は，副投影法を利用して解くこともできる. 復習のために試みるとよい.

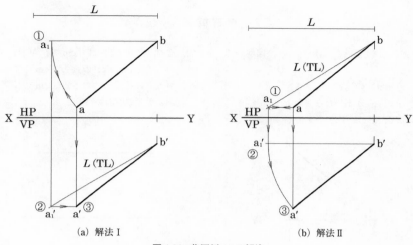

(a) 解法 I (b) 解法 II

図 4.14 作図例 4.4 の解法

練 習 問 題

(1) 回転法を用いて，a)～c) の作図解を求めよ.
　a) 直線 AB の実長
　b) 直線 AB が HP となす角 θ
　c) 直線 AB が VP となす角 ϕ

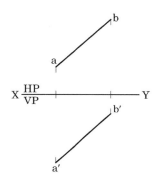

(2) 直線 AB の長さは 6 cm で，A 端は HP の下方 3 cm, VP の後方 1 cm の位置にあり，B 端は HP の下方 1 cm の位置にある. 直線 AB が VP と 45° をなす場合の投影図を求めよ.

(3) 直線 AB は，長さ l で VP と 30° をなし，立面図が基線と 45° をなす. A 端が VP 上，B 端が HP 上にある場合の直線 AB の投影図を求めよ.

(4) 直線 AB は長さ l で，HP と 30°，VP と 45° をなす. A 端が HP 上，B 端が VP 上にある場合の直線 AB の投影図を求めよ.

5. 切　　断

　　立体をある平面で切断する手法は，直線と平面や立体との交わり
を図形上で求める場合に重要である．また，製図でも，対象物の断
面図が多用される．
　　本章では，切断面を利用して，直線と平面の交わり，平面と平面
の交わり，平面と立体の交わりを求める方法について学ぶことにす
る．

5.1　切断の基本と切断法

　図 5.1 に示すように，立体をある平面で切ることを**切断** cut といい，切断する
平面を**切断面** cutting plane，立体の切り口を**断面** section という．

　立体の断面は，図 5.1 から明らかなように，切断面と多面体の稜または曲面体
の面素（任意の位置の母線）との交点を順に結んだ図形である．すなわち，立体
の断面を求める作図の基本は，直線と平面の交わり（交点）を求める作図に帰着
する．平面と平面の交わり（交線）や，立体と立体の交わり（相貫線）を求める
場合も，基本はまったく同じである．

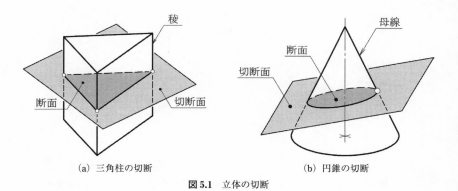

(a) 三角柱の切断　　　　　　　　　　　　(b) 円錐の切断

図 5.1　立体の切断

このように切断面を利用して，直線・平面・立体相互の交わりを図形上で求める作図法を，一般に**切断法** auxiliary-section method と称している．

なお，直線と平面の交わりを求める場合，すでに第3章で述べた副投影法を利用することもできるが，ここでは切断法を用いた方法について詳しく説明する．

5.2　直線と平面の交わり（直線の切断）

図 5.2 に示すように，直線 LM と平面 ABC の交わりを求める場合，直線 LM を含む切断面 I で平面 ABC を切ると，平面 ABC 上に切り口 12 が得られる．切り口 12 と直線 LM は，同じ切断面 I 上にあるので互いに交わる．この直線 LM と切り口 12 の交点 P が，求める直線 LM と平面 ABC の交点となる．

この場合，与直線を含む平面は無限に存在するので，切断面として投影面に垂直な平面を選べば，作図上都合がよい．例えば図 5.3 に示すように，切断面を投影面に垂直にとると，切断面の投影図が端視図となって直線の投影図と一致し，つぎの作図例に示すように，平面と直線の交点を求める作図が容易になるからである．

【**作図例 5.1**】　直線 LM と平面 ABC の交わりを求めよ．

I．切断面を，水平面に垂直にとった場合〔図 5.4〕

①直線 LM を含み水平面に垂直な切断面で平面 ABC を切断すると，平面図における平面の切り口（切断線）12 が，切断面（*lm* を含む直線）と *ac*, *bc* との

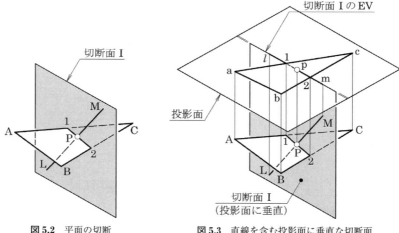

図 5.2　平面の切断　　　　　　　**図 5.3**　直線を含む投影面に垂直な切断面

交点として容易に得られる.

②平面図12に対応する点を2辺の立面図 a′c′, b′c′ 上に求めれば, 平面 ABC の切り口（切断線）の立面図 1′2′ が得られる.

③直線 LM は切断面上にあるので, 1′2′ と l′m′ との交点が, 直線 LM と平面 ABC との交点の立面図 p′ である.

④平面図の lm 上に, p′ に対応する点 p をとると, 直線 LM と平面 ABC の交点 P が求まる.

⑤直線の見える部分と見えない部分を判断して, 投影図を完成させる.

Ⅱ. 切断面を, 直立面に垂直にとった場合 ［図 5.5］

①直線 LM を含む直立面に垂直な切断面で平面 ABC を切断すると, 立面図で l′m′ と a′b′, a′c′ との交点から, 切断線の立面図 1′2′ が求まる.

②平面図上に, 立面図 1′2′ に対応する切断線の平面図 12 を求める.

③12 と lm との交点 p が, 直線 LM と平面 ABC との交点 P の平面図となる.

④立面図の l′m′ 上に交点 p に対応する点 p′ をとれば, 直線 LM と平面 ABC の交点 P が得られる.

⑤直線の見えない部分をかくれ線で示し, 投影図を完成する.

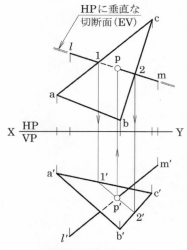

図 5.4 作図例 5.1 解法 Ⅰ

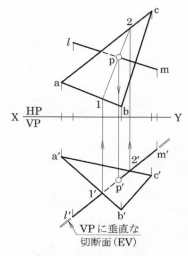

図 5.5 作図例 5.1 解法 Ⅱ

切断面の選び方
　切断法における切断面は，その投影図が端視図となる投影面に垂直な面を選ぶ.

5.3　平面と平面の交わり（平面の切断）

　切断法を利用して平面と平面の交わりを求めるには，一方の平面を構成する 2 辺（2 本の直線）が他方の平面を貫く点をそれぞれ求め，これらを直線で結べば得られる.

【作図例 5.2】　平面 ABC と平面 DEFG の交わりを求めよ［**図 5.6**］.

　両投影図より，辺 BC，DE，FG は，互いの平面に干渉していないので交わりには無関係であることがわかる.

　①平面 ABC の辺 AB を含み水平面に垂直な切断面で平面 DEFG を切断し，平面図上の切断線 12 とこれに対応した立面図 1′2′ を作図する.

　②1′2′ と a′b′ との交点 p′ を求め，平面図でこれに対応した点 p を ab 上にとる.

　③同様にして，辺 AC を含み水平面に垂直な切断面で平面 DEFG を切断し，切断線の平面図 34 と立面図 3′4′ を作図する.

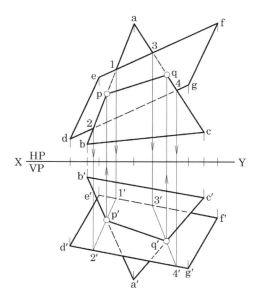

図 5.6　作図例 5.2 の解法

④立面図上で 3′4′ と a′c′ との交点 q′ を求め，対応点 q を平面図上に求める．

⑤平面図 pq，立面図 p′q′ が，求める 2 平面の交線 PQ である．交わった 2 平面の見えない部分はかくれ線で示し，投影図を完成させる（図 3.19 ② を参照するとよい）．

なお，**図 5.6** の 2 平面 ABC，DEFG の交線 PQ は，平面 ABC を投影面に傾く任意の平面 DEFG で切断したときの切り口に相当する．

5.4 立体の切断

すでに図 5.1 で述べたように，立体を切断して断面を求める作図は，その立体の構成要素，例えば多面体の稜や曲面体の面素と切断面との交点を求め，これらを直線や滑らかな曲線で結べば得られる．

5.4.1 立体の断面（切り口）

図 5.7 は，三角錐 V-ABC を，水平面に平行な切断面 T で切断した場合，得られる断面の投影図を示したものである．

三角錐の稜と切断面の交点を結んだ図形が三角錐の断面で，これは切断面 T 上にある．したがって，断面の立面図は，切断面の立面図 t′t′ と稜の立面図 v′a′，v′b′，v′c′ との交点 1′，2′，3′ を結んだ直線になる．1′，2′，3′ に対応する点を平

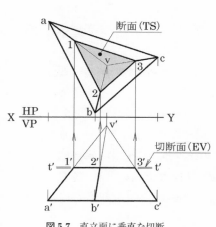

図 5.7 直立面に垂直な切断
（切断面は HP に平行）

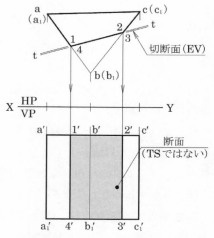

図 5.8 水平面に垂直な切断
（切断面は VP に平行ではない）

面図上に求めれば，断面の平面図 123 が得られる．この例では，断面は水平面に平行であるから，平面図 123 は断面の実形を表す．

　なお，切断面は三角錐の底面と平行であるから，断面の平面図の各辺は，対応する底面の辺とそれぞれ平行となる．このことを利用し，切断面と稜との交点（例えば 1）を求めた後，対応する底面の辺と平行に輪郭線を引いて断面の平面図 123 を求めてもよい．

　図 5.8 に，三角柱 ABC を，水平面に垂直な切断面 T で切断した断面の投影図を示す．

　切断面の平面図は，tt と稜の平面図 ab（a_1b_1），bc（b_1c_1）との交点 1（4），2（3）より，断面の平面図 1234（直線）が得られる．1，2，3，4 に対応した立面図の各点 1′，2′，3′，4′ を結べば，切断面の立面図となる．この例では，平面図で断面は直立面に平行ではないので，立面図 1′2′3′4′ は実形とはならない．

【作図例 5.3】　円錐 V を直立面に垂直な平面 T で切断した断面の投影図と，その実形を求めよ ［**図 5.9**］．

　円錐の断面を求めるには，円錐面上のいくつかの母線と切断面との交点を求め，これら交点を滑らかな曲線で結べばよい．

　①まず，断面の最上点 G と底平面の切断線 AB について，直立面で切断面 t′t′ と母線 v′q′ の交点 g′ および底平面 p′q′ との交点 a′，b′ を求め，平面図でこれに対応する g および a，b を求める．

　②任意の母線 V1（V2）の立面図 v′1′（v′2′），平面図 v1（v2）を作図する．立面図で t′t′ と v′1′（v′2′）の交点 c′（d′）を求め，平面図で対応する c（d）を求める．

　さらに任意の母線 V3（V4）の立面図 v′3′（v′4′），平面図 v3（v4）を作図し，同様にこの母線 V3（V4）上の点 E（F）の投影図 e（f），e′（f′）を求める．

　③母線 V5（V6）上の点 H（I）の平面図は，立面図で h′（i′）を含む水平面（底面）に平行な切断面 I を設定して求める．すなわち平面図で，円錐表面の切断線は半径 vj の円となり，これと v5（v6）の交点として h（i）が求まる．

　④こうして得られた各点を，滑らかな曲線で結んで断面の平面図を描く．

　⑤断面の実形を求めるには，断面の立面図（直線 g′a′）に平行な副基線 X_1Y_1 を設け，その副平面図を作図すればよい．

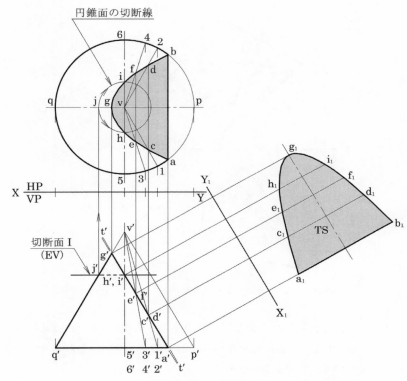

図 5.9 円錐の断面と実形

5.4.2 立体と平面の交わり（任意の平面による立体の切断）

図 5.10 に，両投影面に傾く平面 ABC で三角錐 V-DEF を切断した場合の空間的な交わり状態と，その断面 PQR を示す．立体と任意の平面との交わり（任意の平面による立体の切断）は，すべて以下に示す作図方法で得ることができる．

【作図例 5.4】 平面 ABC と三角錐 V-DEF の交わりを求めよ［**図 5.10**］．

　①三角錐の稜 VD を含み直立面に垂直な切断面Iを設定し，平面 ABC を切断して切断線の立面図 1′2′，その対応点の平面図 12 を作図する．

　②平面図で切断線 12 と稜 vd との交点 p を求め，立面図でこれに対応した点 p′ を v′d′ 上にとる．

　③稜 VE，VF についても同様の作図を行い，三角錐の3稜が平面 ABC を貫く点 P，Q，Rを求める．

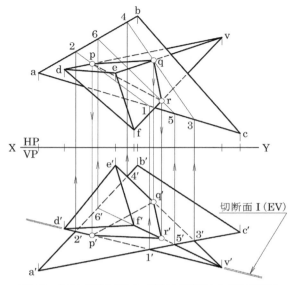

図 5.10　立体と平面の交わり（任意の平面による立体の切断）

④これらの各点を結んで，平面と三角錐の交線（切断線）の両投影図 pqr，p′
q′r′ を作図する．平面の各辺，三角錐の各稜および交線の，見える部分と見えな
い部分を判断して両投影図を完成させる．

　なお図 5.10 は，第 3 章で述べた副投影法を用いて解くこともできる．練習の
ため，図 3.20 を参照して試みるとよい．

　立体の切断では，切断される立体の形状が単純な場合でも，切断面の位置に応
じて断面の形状はさまざまに変化する．例えば**図 5.11**（a）は，三角柱を互いに
平行な切断面で切断した場合を示したもので，断面形状は切断面の位置に応じて
三角形や四辺形となる．また，図 5.11（b）の直円錐の切断では，頂点を含む切
断面の場合は二等辺三角形，底面に平行な切断面では円，これら以外では，切断
面の傾きに応じて楕円・放物線［図 5.9 参照］および双曲線の断面となる．立体
を切断する場合には，これら代表的な切断例を念頭に置きながら作図することが
大切である．

　製図でも，組立図や部品図（製作図）に断面図が多用される．参考のため，**図
5.12** に断面図の使用例を示しておく．

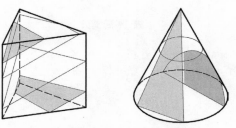

(a) 三角柱の切断　　　　　(b) 円錐の切断

図 5.11　さまざまな切断面による断面形状

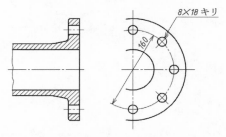

8×18 キリ

160

図 5.12　製図で利用する断面図の例（図 11.17 参照）

練 習 問 題

(1) 図示の立体を，平面 ABC で切断したと
きの切り口（断面）を求め，切り口を薄
く塗って示せ．
　＊断面を薄く塗って他と区別することを
　　スマッジングを施すという．

(2) 正八面体を，VP に垂直な切断面 T で切
断したときの，断面の平面図およびその
実形を求めよ．

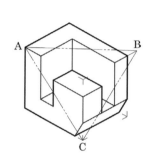

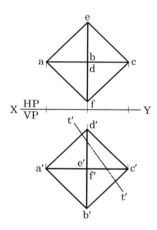

(3) 正五角柱を直立面に垂直な平面 I で切断し，上部を取去った残りの立体の平面図および右
側面図を作図せよ．かくれ線も示すこと．

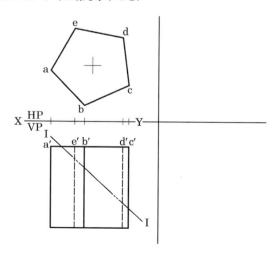

(4) 切断法を用いて，2平面 ABC，ABD と
　　直線 LM の交わりを求めよ．かくれ線
　　も全て明示すること．

(5) 切断法を用いて，2平面 ABC，DEF の
　　交わりを求めよ．

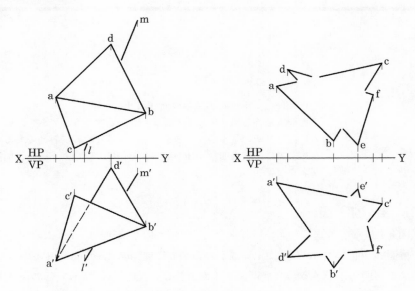

(6) 立体と平面の交わりを求めよ．かくれ線も明示すること．

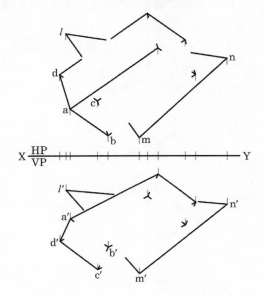

6. 展　　開

　展開図は，多面体の箱や曲面体のサッカーボール，衣服などを，平面要素で作る場合になくてはならない重要なものである．展開図の作図は，その基本的な手法を理解すれば，比較的容易である．

　本章では，代表的な立体の展開図を例に，その基本的な作図法を学ぶことにする．

6.1　展　開　図

　図 6.1 に示すように，立体の表面を，1 平面上に連続的に広げて表現することを**展開** develop といい，平面上に描かれる図形を**展開図** development という．

　図から明らかなように，展開図の 1 面 $A_1B_1C_1D_1$ は，対応する立体の面 ABCD と同一形状すなわち実形で，その各辺はすべて実長である．このことから，立体の展開図を求める作図は，その立体の面を構成する稜や曲面の母線の実長を求め，これを基に面の実形を得る作図といってもよい．

　図 6.2 は，よく知られている正四面体，正六面体，正八面体，正十二面体および正二十面体の展開図を示したものである．多面体は平面で構成された立体であるから，展開図は例図のように平面多角形をつないだ図形になる．

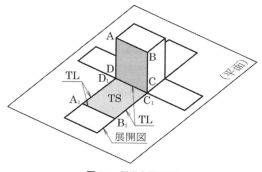

図 6.1　展開と展開図

これに対して曲面体の場合，これが展開可能であるには，曲面上に平面に接する直線の母線があり（**線織面** ruled surface），かつ母線がねじれなく並んでいる必要がある．したがって，展開可能な曲面（**可展面** developable surface）は少数に限定され，その代表は**図 6.3** に示す円錐と円柱である．

母直線がねじれている曲面体や母直線を持たない球は，**図 6.4** に示すように，曲面を複数に分割した近似展開によらなければ展開できない．

参考のため，**図 6.5** に曲面の分類を示しておく．

6.2 いろいろな立体の展開図

展開図の作図の基本は，立体の表面を構成する平面の実形を得ることであるが，平面の実形を確定するために最も基本となるのが，3 本の実長を基にした平

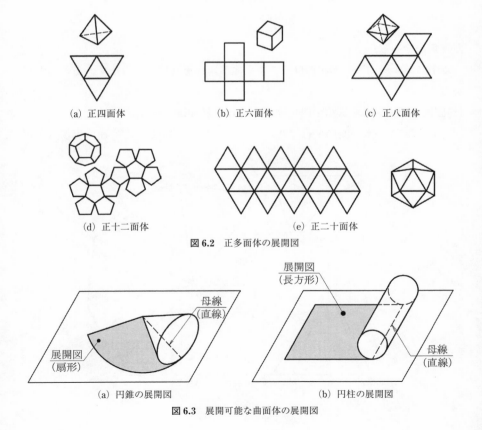

(a) 正四面体   (b) 正六面体   (c) 正八面体

(d) 正十二面体   (e) 正二十面体

図 6.2 正多面体の展開図

(a) 円錐の展開図   (b) 円柱の展開図

図 6.3 展開可能な曲面体の展開図

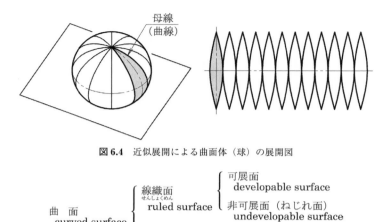

図 6.4　近似展開による曲面体（球）の展開図

$$\text{曲　面}\atop\text{curved surface}\left\{\begin{array}{l}\text{線織面}\atop\text{ruled surface}\left\{\begin{array}{l}\text{可展面}\\ \text{developable surface}\\ \text{非可展面（ねじれ面）}\\ \text{undevelopable surface}\end{array}\right.\\ \text{複曲面（すべて非可展面）}\\ \text{double curved surface}\end{array}\right.$$

図 6.5　曲面の分類

面三角形である.

　以下に示す展開図の作図例は，この平面三角形を基にした方法であることが理解できよう.

【作図例 6.1】　**図 6.6** に示す四角錐 V-ABCD の展開図を描け.

　底面 ABCD が水平面に平行であるから，その平面図 abcd が底面の実形（各辺

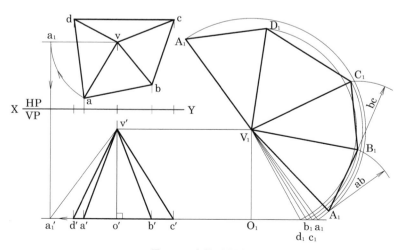

図 6.6　四角錐の展開図

は実長）となることは明らかである．この例題のような場合は，立体の側面の展
開図のみを考えることにする（以降もこれに準ずる）．

　四角錐の側面は三角形であるから，側面の稜の実長を求めれば容易に展開図が
作図できる．各稜の実長は，回転法や副投影法を用いて個々に求めてもよいが，
立体が錐体の場合は，つぎに示すような方法で各稜の実長を求めると作図の効率
がよい．

　①立面図上で，頂点 v' から底面に垂線 $v'o'$ を引く．つぎに図示のように $v'o'$
に平行な直線 V_1O_1 を設定する．直線 V_1O_1 は，展開図が四角錐の立面図に重な
らない位置に設けるようにする．

　② $o'O_1$ の延長線上に，$O_1a_1 =$（稜 VA の平面図 va の長さ）となる点 a_1 を求め
て点 V_1 と結ぶ．直線 V_1a_1 は，稜 VA の実長となる（稜 VA の実長を回転法で求
めた作図と同じで，$va = va_1 = o'a_1'$ となることから実長であることが理解できよ
う）．

　③稜 VB，VC，VD について同様の作図を行えば，各稜の実長が効率よく一箇
所にまとめて得られる．

　④一つの稜，例えば VA に着目し，V_1 を中心に V_1a_1（VA の実長）を半径とす
る円弧上に A_1 点を定める．V_1 を中心，V_1b_1（VB の実長）を半径とする円弧と，
A_1 を中心，平面図の ab（AB の実長）を半径とする円弧との交点 B_1 を求める．
三角形 $V_1A_1B_1$ は，V_1A_1，A_1B_1，V_1B_1 が実長であるから，側面 VAB の実形とな
る．

　⑤同様に B_1，C_1，D_1，A_1 点を求めて他の側面の実形を作図し，側面の展開図
を完成させる．

【作図例 6.2】　図 6.7 に示す斜円錐の展開図を描け．

　①斜円錐の底円を 12 等分し，各等分点と頂点 V と結んでそれぞれの母線の投
影図を作図する．斜円錐の各母線は，底円の 1/12 円弧を直線で近似した十二角
錐の側面の稜と見なす．

　②図 6.6 の場合と同様に，頂点 v' から底面に引いた垂線 $v'O_1$（立面図には重
ならない）を基準に，各母線の実長をまとめて作図する．

　③一つの母線，例えば $v'4$ に着目し，v' を中心に $v'4$ を半径とする円弧上に点
4 を定める．つぎに点 4 を中心に実長 $v'5$ を半径とする円弧と平面図の 45 を半径
とする円弧の交点 5 を求める．

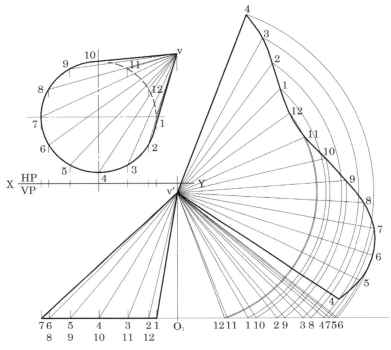

図 6.7 斜円錐の展開図

④以下同様に，点 6，7，…を順次求め，これらの各点を滑らかな曲線で結ぶ.

底円の等分数は 12 に限ったものではなく，条件に応じて適切に決めてもよい.
コンパスで底円周が簡単に等分でき，作図精度もよいため 12 等分が一般に多く
用いられる.

【作図例 6.3】 **図 6.8** に示す斜四角柱の展開図を描け.

斜四角柱の側面は四辺形であり，4 辺の実長だけでは形状が確定できない. 一
般に四辺形の形状を確定するには，**図 6.9** に示すように，四辺形を 2 個の三角形
に分割（**三角形分割展開** development by triangulation）し，これらを合わせてそ
の形状を決定する.

ただし，本作図例のように「斜柱体の側面の稜は互いに平行である」ことを利
用し，各稜を回転軸にして側面を展開する作図を行えば，側面を三角形に分割し
なくても展開図を得ることができる.

①側面の稜 A，B，C，D の実長を，副立面図を作図して求める.

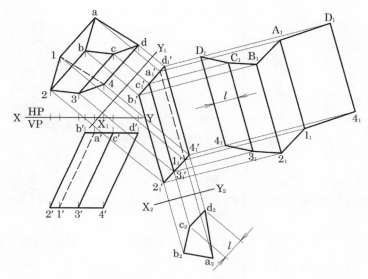

図 6.8 斜四角柱の展開図

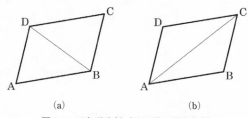

図 6.9 三角形分割（四辺形の形状確定）

　②まず一つの稜 $D_1 4_1$ を，図のように $d_1' 4_1'$ に平行に定める．各稜を軸に斜四角柱の各頂点を回転させると，各頂点は稜の実長に垂直な直線上にある［図 4.2点の回転参照］．副立面図で，頂点 $a_1' (1_1')$，$b_1' (2_1')$，$c_1' (3_1')$，$d_1' (4_1')$ から実長線の稜に垂線を引く．

　③ c_1' から引いた垂線と，点 D_1 を中心に $D_1 C_1 = dc$（平面図で実長）を半径とする円弧の交点 C_1 を求める．

　④ $3_1'$ から引いた垂線と，点 4_1 を中心に $4_1 3_1 = 43$（平面図）を半径とする円弧の交点 3_1 を求める．四辺形 $D_1 C_1 3_1 4_1$ は，側面 DC34 の実形となる．

　⑤以下同様にして，他の側面の実形を求め，展開図を完成させる．

　なお，図に示すように第二副投影図を作図すれば，互いに平行な稜間の距離の

展開図

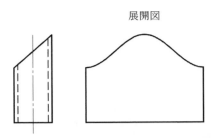

図 6.10　製図で用いる展開図の図示例（図 9.28 参照）

実長が得られる．この実長と上記垂線を利用して，展開図を描いてもよい．例え
ば，展開図の稜 $D_1 4_1$ と $C_1 3_1$ 間の実長距離 l を，第二副投影図上の l とすればよ
い．

　製図で用いられる展開図は板金加工などで重要である．参考のため，**図 6.10**
に製図における展開図の指示例を示しておく．

練 習 問 題

(1) 斜円錐 V を，VP に垂直な切断面 T で切
断した立体の展開図を求めよ．
　　ただし，展開図は対称な図形の 1/2 を
示せばよい．

(2) VP に垂直な 2 つの平面 I，II で切り欠
かれた斜四角柱の，側面の展開図を求め
よ．

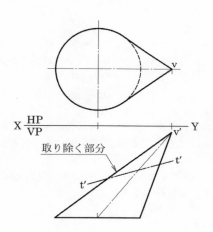

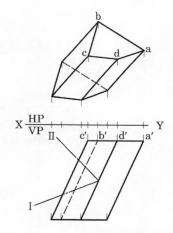

(3) 四角錐 V-ABCD の表面を通り，点 C から点 E を経て点 F に至る最短経路（**測地線**
geodesic line という）の投影図を求めよ．ただし，底平面 ABCD は通らないものとし，ま
た同一稜線は 2 度横切らないものとする．

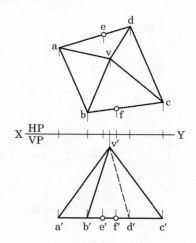

7. イラストレーション

　　正投影図は，対象物の正確な形状・寸法を表すが，一般の人には図を読むことが難しい．これに対して立体図は，我々が対象物を見ている状態に近い形状で図示されるため，大変わかりやすい．このため，立体図がイラストレーションとして，工業製品の取扱い方やいろいろな立体形状を示すために，広く用いられている．

　　立体図は絵ではなく，投影の原理に基づいて作図されるものである．その原理を理解して描けば，見まねで描いた絵ではなく形が整った図となる．

　　本章では，イラストレーションに用いられる等角図・斜投影図の原理を学び，立体図の描き方を習得することにする．

7.1　軸測投影

7.1.1　軸測投影の概念

　図 7.1 に示すように，1 冊の本をガラス面 V を通して正面から見ると，(a) の場合は本の V に平行な 1 面のみが見え，(b) の場合は V に傾いた 2 面が見える．さらに (c) に示すように，後端を少し持ち上げた状態にすると，本の 3 面が同時に見えて形状の理解が容易になる．

　　すなわち，空間で直交する対象物の主軸（幅・高さ・奥行き方向）を投影面に傾けた状態で投影した場合は，一つの投影面上に対象物の 3 面が同時に示された

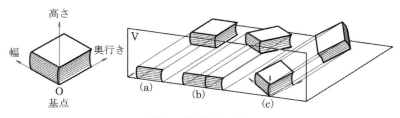

図 7.1　軸測投影の概念

投影図となる.

このような投影の方法を**軸測投影** axonometric projection といい，基準になる直交する 3 軸の投影図を**軸測軸** axonometric axis，これら 3 軸の交点 O を**基点** axonometric center，描かれる投影図を**軸測投影図** axonometric projection drawing という.

軸測投影は，正投影と同じく投影線が平行な直投影であるが，投影面が一つであるため，**単投影面投影** single-plane projection として分類される．なお，正投影のように二つ以上の投影面が必要な投影は**複投影面投影** double-plane projection といわれる.

7.1.2 軸 測 尺

軸測投影では，空間で直交する 3 軸がすべて投影面に傾くので，各軸の長さは，その傾き角に応じて縮み，実際の長さ（実長）より短く投影される．したがって，軸測投影図を描くには，軸測軸を傾ける方向とこれに対応した各軸方向の縮み率を知ることが必要になる.

図 7.2 は，投影面 V に平行な面 I で，直方体の頂点部分を切断した立体（三角錐 O-ABC）の投影図，すなわち直交 3 軸 OA，OB，OC の軸測投影図を説明した図である.

縮率の基準となる軸 OA，OB の実長を求めるには，平面 OAB を，辺 AB を回転軸として回転し，平面 I 上に重ねた状態の平面 O_1AB（実形）を描けばよい.

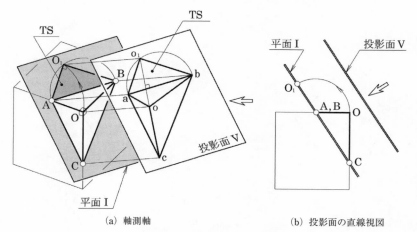

(a) 軸測軸　　　　　　　　　(b) 投影面の直線視図

図 7.2 軸測軸と投影面

平面 I は投影面 V に平行であるから，実形 O_1AB と同じ図形が投影面 V 上に実形 o_1ab として投影され，投影面に傾いた軸 OA，OB の実長がわかる.

図 **7.3**（a）は，これを作図によって，平面 OAB の実形 o_1ab を求めたものである.

平面 OAB は直角三角形であるから，ab を直径とする円弧と o から ab に立てた垂線との交点 o_1 を求めれば，三角形 o_1ab が平面 OAB の実形になる. すなわち軸 OA，OB の実長 o_1a，o_1b が得られる. 同様に，平面 OBC（または OCA）について交点 o_2（o_3）を求めれば，軸 OC の実長 o_2c（o_3c）が得られる.

直交 3 軸 OA，OB，OC は，投影面上では oa，ob，oc の方向と長さに投影される. したがって，軸 OA（幅）方向の縮率は oa/o_1a となる. 同様に，軸 OB（奥行き）方向や軸 OC（高さ）方向の縮率は ob/o_1b，oc/o_2c となる.

図 7.3（b）は，これらの縮率に応じた縮尺 A，B，C を，実際の長さを表した実長尺 S とともに示したものである. 直交 3 軸の投影図が図（a）に示した軸方向を持つ場合，対象物の軸測投影図は，縮尺 A，B，C を，対応する軸方向の尺度に用いて描く. このような縮尺を**軸測尺** axonometric scale という.

7.2 等角投影図と等角図

図 **7.4** は投影された各軸，すなわち軸測軸が互いに等しい角 120° で交わるように，視方向を定めた場合の投影図である. 図から明らかなように，この場合の

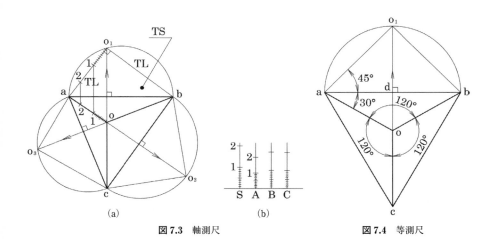

図 **7.3**   軸測尺   図 **7.4**   等測尺

各軸方向の縮率はすべて等しく

$$\frac{\mathrm{oa}}{\mathrm{o_1a}} = \frac{\mathrm{ad}/\cos 30°}{\mathrm{ad}/\cos 45°} = \sqrt{\frac{2}{3}} \fallingdotseq 0.816$$

となる．すなわち，縮率 0.816 の軸測尺のみで軸測投影図が描ける．このような軸測投影を**等角投影**または**等測投影** isometric projection といい，縮率 0.816 の縮尺を**等測尺** isometric scale，軸を**等測軸** isometric axis，描かれる投影図を**等角投影図**または**等測投影図** isometric projection drawing という．これに対して，図 7.3 の例図のような，軸測軸のなす角度が互いに異なる場合を，**不等角投影**または**不等測投影** anisometric projection という．

軸測尺による不等角投影図や等角投影図は，専門的なテクニカル・イラストレーションの分野で用いられるが，対象物の見取図など単に形状がわかればよい場合も多い．このような場合には，等角投影の等測尺の代わりに実際の長さで描いた図が一般に用いられる．この図は，縮率を無視した図で投影図ではないので，**等角図**または**等測図** isometric drawing といわれる．

図 7.5 に，正六面体の正投影図，等角（測）投影図，等角（測）図を示す．図 7.5（c）の等角図は，等角投影図に比較して実際の長さで作図した分だけ大きく描かれる．しかし，立体の見取図として用いる場合などではとくに支障はなく，むしろ実際の長さで作図できるので便利である．

なお，JIS 機械製図規格では，等角図を対象物の説明用の図として用いることが規定されている．

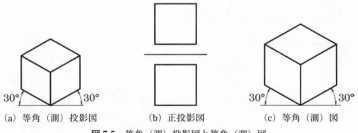

(a) 等角（測）投影図   (b) 正投影図   (c) 等角（測）図

図 7.5 等角（測）投影図と等角（測）図

7.3 等角図の作図例

立体の等角図を描く場合，つぎに示す基本的な手順で作図を進めるとよい．

a) 基点を定め，等角図を描くための基準線を引く．基準線の1本は垂直に，他の2本は水平線と30°に引く［図7.5 参照］．

b) 与えられた立体を包み込む最小直方体の等角図を作図線で薄く描き，これを基に各頂点の位置や主要寸法を考慮して，等角図を外形線で濃く描いて完成させる．

c) 立体図ではかくれ線を省略してよい．必要な場合はかくれ線を破線で描く．

【作図例 7.1】　**図 7.6** に示す立体の正投影図を基に等角図を描け［**図 7.7**］．

①水平線に対して90°，30°の基準線を引き，与えられた立体を包み込む直方体の等角図を，正投影図の寸法をそのまま用いて描く．

②直方体の等角図を基に，各頂点の位置を，直方体の稜線やその平行線上に求める．

③必要な各頂点を太い実線で結んで，立体の等角図を完成する．

【作図例 7.2】　**図 7.8** に示す立体の正投影図を基に等角図を描け［**図 7.9**］．

①与えられた立体を包む直方体の等角図を図 7.7 と同様な方法で描き，各頂点の位置を定める．

②各頂点を結んで立体の等角図を完成する．なお，基準線の方向とは異なる方向の斜線 AB は，点 A および点 B の等角図上の位置をそれぞれ求め，その後で点 A，B をつなぐようにする．

すでに述べたように，等角図では立体の3面すべてが投影面に傾く．したがって，端面形状が円である円柱や円筒の等角図は，**図 7.10** に示すように，端面の円形が必ず楕円になる．テンプレートを利用して描く場合は，等角図用テンプレート（楕円角 35°）の楕円の短軸を基準線の方向に一致させて描く．

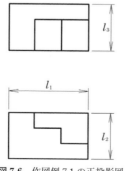

図7.6　作図例 7.1 の正投影図

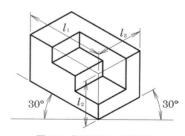

図7.7　作図例 7.1 の等角図

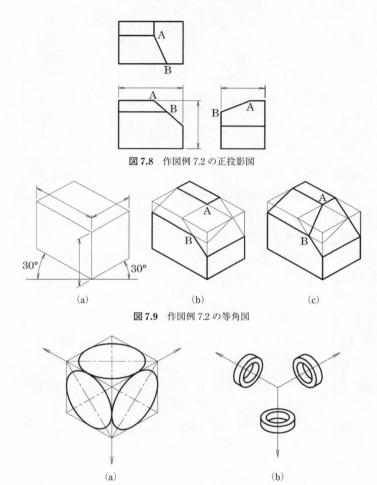

図 7.8　作図例 7.2 の正投影図

(a)　　　　　(b)　　　　　(c)

図 7.9　作図例 7.2 の等角図

(a)　　　　　　　(b)

図 7.10　円形の等角図

7.4 斜 投 影

　立体をある一つの投影面に投影する場合,「それぞれの投影線は互いに平行であるが, 投影線と投影面とのなす角は 90°以外の角度とする」という条件を付けて投影すると, **図 7.11** に示すような, 立体の 3 面が同時に見える投影図が得られる. このような投影を**斜投影** oblique projection といい, 得られる投影図を**斜投影図** oblique projection drawing という.

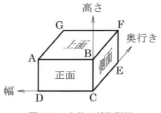

図 7.11 立体の斜投影図

7.4.1 斜投影の作図原理

図 7.12 は，点 A の斜投影における投影線を示したものである．斜投影の投影面を直立面 VP とした場合，空間の点 A から VP に対して 90° 以外の任意の角度で投影した点 A_1 が，点 A の斜投影図となる．

図 7.13 の正投影図で，点 A_1 は投影線 AA_1 の平面図 aa_1 と基線 XY との交点 a_1 を基に，XY に立てた垂線と，立面図 $a'A_1$ との交点として表すことができる．投影線 AA_1 の傾き角は任意であるから，aa_1，$a'A_1$ と XY とのなす角 ϕ，δ も任意に取り得ることは容易に理解できよう．

図 7.14 は，投影面 VP に平行な平面 ABCD（図 7.11 の正面に相当）の斜投影図を作図したものである．

平面 ABCD は VP に平行であるから，斜投影図 $A_1B_1C_1D_1$ は，対象面を平行移動して VP に重ねた形状と同じで，平面 ABCD の実形となる．

同様に，**図 7.15** は水平・直立両面に垂直平面 BCEF（図 7.11 の側面に相当）

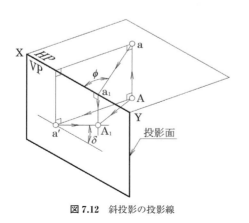

図 7.12 斜投影の投影線

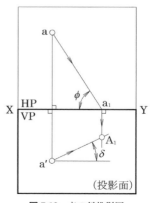

図 7.13 点の斜投影図

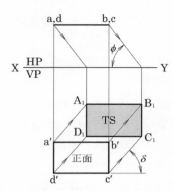

図7.14 投影面 VP に平行な面の斜投影図

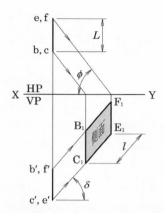

図7.15 VP，HP に垂直な面の斜投影図

の斜投影図，**図7.16** は水平面に平行な面 ABFG（図7.11 の上面に相当）の斜投影図で，形状はともに平行四辺形となる．これらの図7.14〜図7.16 を合わせて作図すると，図7.11 に示した立体の斜投影図になる．

7.4.2 斜投影の傾きと比率

斜投影図を描く場合は，対象物の直交する3主軸のうち，2軸は必ず投影面に平行にとるのを原則とする．通常，対象物の幅方向の軸を水平に，高さ方向の軸を垂直にとる．この2軸で構成される面（正面）は，図7.14 で示したように実形となる．

残りの1軸すなわち奥行方向の軸の場合，図7.15，図7.16 で明らかなように，その方向は角 δ の値で決まり，図示される奥行きの長さは角 ϕ の値に応じて決

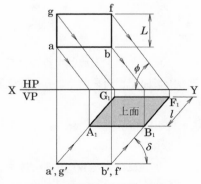

図7.16 HP に平行な面の斜投影図

まる．すでに図7.12，図7.13で示したように，δとϕはそれぞれ独立に任意の値を選ぶことができる．すなわち，奥行きを表す軸の方向とその縮率は自由に決めることができる．

斜投影では，立体の奥行きを表す軸の方向の角度δを**斜投影の傾き** inclination of oblique projection という．また，**図7.17**に示す角ϕの値に応じた実長Lと斜投影図の長さlの比$l/L=\mu$を，**斜投影の比率** ratio of oblique projection という．

角δと比率μの値は，通常$\delta=60°$，$45°$，$30°$と$\mu=1$，$3/4$，$1/2$が用いられる．**図7.18**に，これらの値を組み合わせた，正六面体の斜投影図を示す．とくに$\delta=45°$，$\mu=1/2$で描いた斜投影図を**キャビネット図** cabinet projection drawing といい，JIS機械製図規格では，等角図とともに説明用の図として用いることが規定されている．

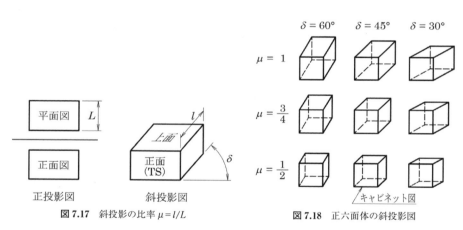

図7.17　斜投影の比率 $\mu=l/L$ 図7.18　正六面体の斜投影図

7.5　斜投影図の作図例

斜投影図の最大の利点は，正面が必ず実形となることである．したがって，円形面を持つ対象物で，その円形面が正面を向くように設定した作図では，楕円を描く必要がなくなる．

【作図例7.3】　**図7.19**に正投影図で示す立体を，斜投影図（$\delta=60°$，$\mu=1$）で描け［**図7.20**］．

①水平線，垂直線および水平線に対して60°方向の線を3主軸として引き，与えられた立体を包み込む直方体の斜投影図を，正投影図の寸法を用いて描く．

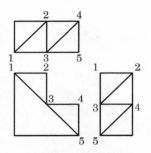

図 7.19 作図例 7.3 の正投影図

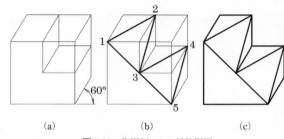

(a)　　　　　　　(b)　　　　　　　(c)

図 7.20 作図例 7.3 の斜投影図

　②直方体の斜投影図を基に，それぞれの頂点の位置を主軸およびその平行線上に求め，必要な各頂点を外形線で結んで斜投影図を完成させる．必要な場合はかくれ線を破線で描く．

【作図例 7.4】 **図 7.21** に正投影図で示す立体を，斜投影図（$\delta = 30°$，$\mu = 1$）で描け［**図 7.22**］．

　①軸として水平線，垂直線および水平線に対して 30° 方向の線（奥行き方向の軸線）を引き，これらの交点 o_1 を基準に，与えられた立体の正面図（実形）をまず描く．

　②奥行き方向の軸線上に，基点 o_1 から奥行きの長さ $o_1 o_2$ に等しい点 o_2 をとる．

　③点 o_1，o_2 を中心にして半径 r_1，r_2 で円弧を描き，これらを奥行き方向の軸

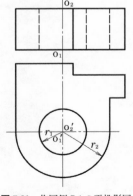

図 7.21 作図例 7.4 の正投影図

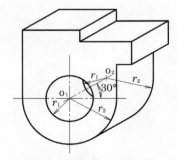

図 7.22 作図例 7.4 の斜投影図

線に平行な接線で結ぶ.

④必要な頂点を求め，これらを外形線で結んで斜投影図を完成させる.

練 習 問 題

(1) 三面図で示す立体の等測図（等角図）を
描け．かくれ線も明示すること．

(2) 三面図で示す立体を平面 ABC で切断
し，切断部分を取り除いた残りの立体の
等測図を描け．かくれ線も明示するこ
と．

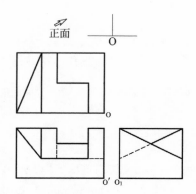

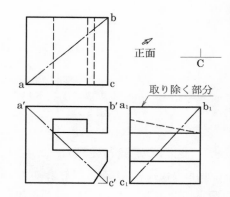

(3) 三面図で示す立体の斜投影図（$\mu = 1$，$\delta = 45°$）を描け．かくれ線も明示すること．

(4) 三面図で示す立体の斜投影図（$\mu = 1$，$\delta = 45°$）を描け．かくれ線は描かなくてよい．

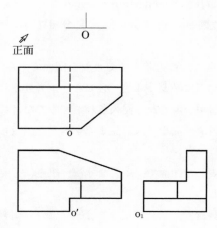

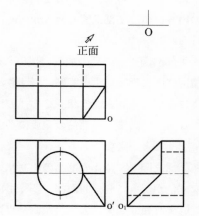

8. 図面の基本

　図面は，さまざまな製品を製作するための情報を，線のパターンや用途，数字や文字の形など一定の様式に従って表現し，その内容が正しく理解されるものでなければならない.
　本章では，JIS に定められたこれら図面としての基本を学ぶことにする.

8.1　図面の定義と種類

　図形とは投影法に従って対象物の形を平面上に線と点で表現したものをいい，図 view はこれに寸法などの情報を加えたものである. **図面 drawing** は，この図とともに必要な表や注記などを所定の様式に従って表したものをいう. なお，**製図 drawing** とはこの図面を作成することをいう.

　図面はその用途によって**計画図**，**製作図**，**注文図**，**承認図**，**見積図**，**説明図**などに分類されるが，大部分を占めるのは**製作図 manufacture drawing** であり，その内容によって**部品図 part drawing**，**組立図 assembly drawing**，**部分組立図**に分けられる.

　①部品図：　部品の加工に用いられる図で，最も基本的で重要な図面である. 製図規則に従って正確詳細に製図され，加工に必要な寸法，必要なサイズ公差および幾何公差，表面性状，その他の注意事項が漏れなく記入された図版でなければならない. また，部品の完成に必要な付属部品や購入部品まですべてを記載しておくことが必要である.

　②組立図：　全体の部品の組立状態を表した図面で，主要な寸法，組立に必要な寸法が記入され，断面図が多く用いられる.

　③部分組立図：　大きな装置や複雑な装置で，組立図だけでは組立部の詳細を明らかにできない場合に，必要な部分の詳細な組立状態を表す図面である.

8.2 図面の大きさと様式

製図用紙の大きさは日本工業規格 JIS Z 8311 : 1998 によって定められ，A0〜A4 サイズの中のいずれかとする．必要に応じて，延長サイズを用いることができる．なお，図面は長辺を左右方向とするのが基本であるが，A4 サイズでは短辺を左右方向としてもよい．

また図面には**図 8.1** に示すように，太さ 0.5 mm 以上の**輪郭線**を用いて輪郭を描き，図面番号，図名，作成者名，作成年月日など図面管理上での必要事項や投影法，尺度などを記入するための**表題欄**を設ける．

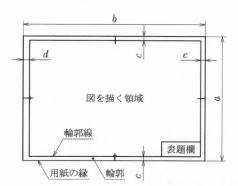

（単位 mm）

用紙の呼び方	大きさ：$a \times b$	c：最小
A0	841 × 1189	20
A1	594 × 841	20
A2	420 × 594	10
A3	297 × 420	10
A4	210 × 297	10

（備考）図面をとじる場合には $d \geqq 20$mm，とじないときには $d = c$ にする．

図 8.1 製図用紙の大きさ，および輪郭と表題欄

8.3 文字・数字

図面の文字には，絶対に誤読されないことが要求される．したがって製図用文字は他の文字とは異なり，明瞭で読みやすく，誰が書いても同じ形となることが大切である．

漢字および**平仮名**，**片仮名**は JIS Z 8313-10 : 1998 に準じる．**図 8.2** にその例を示すが，漢字は常用漢字表により，16 画以上の漢字はできる限り仮名書きとする．

アラビア数字および**英字**は JIS Z 8313-1 : 1998 に定める A 形書体または B 形書体，いずれかの斜体または直立体を用い混用しない．**図 8.3** は一般によく用いられる B 形斜体の例である．文字高さは 2.5，3.5，5，7，10，14，20 mm のいずれかとし，図の大小・精粗に応じたサイズを用い，一連の図面では同じ大きさに揃える．

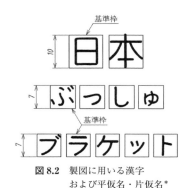

図 8.2　製図に用いる漢字
　　　およびひ平仮名・片仮名*

図 8.3　製図に用いる数字と英字*
　　　（B 形斜体）

手描き製図では次の大きさを目安にするとよい.

寸法数字：2.5〜5 mm　　　**部品番号**：6〜8 mm　　　**図面番号**：10 mm

8.4　線

　図における線は文章における文字・アルファベットに相当するもので, 正しく用いられていない場合には読み誤られるおそれがある. 製図で用いられる線は, 基本的にはわずか 4 種類であり, 十分に用途を理解して正しく製図できることが重要である. 製図の初学者が手描きで製図する場合, 線を一定の太さで明瞭に正しく引けるように十分練習することが必要である.

8.4.1　線の種類と太さ

　線は, 太さと形によって分類される. **図 8.4** に示す 4 種類の線が, 製図では基本的に用いられる.

　線の太さは, 原則として**細い線**（0.25〜0.35 mm）と**太い線**（0.5〜0.7 mm）の 2 種類を用いるが, 大切なことは, 太い線と細い線の区別が明瞭なことである. 手描き製図では線が薄くならないようにとくに注意を要する.

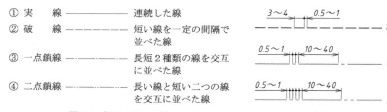

図 8.4　製図に用いる線　　　　　　　**図 8.5**　破線と鎖線のパターン

　破線および鎖線の形は**図 8.5** に準じるが，短線，長線のそれぞれの長さが不揃いにならないように，またすきまが開きすぎないように注意する．鎖線は長い線で始まり長い線で終わるように引く．

8.4.2　線の用途

　図 8.6 および**表 8.1** は，図面に用いられる線の用途と種類を，まとめて示したものである．

　①外形線 visible outline：　対象物の見える部分を表す重要な線で，**太い実線**を用いる．太さは一般に 0.5 mm 程度とし，均一になるように引く．

　②かくれ線 hidden outline：　対象物の見えない部分の形状を表す線で，**太い破線**を用いる．なお，**細い破線**を用いてもよい．

　③中心線 center line：　軸の中心や対象物の対称中心を表す線で，**細い一点鎖線**を用いる．鎖線の長線は対象物の大きさに応じて変え，10〜40 mm 程度とする．また，中心部分が短い場合は細い実線を用いてもよい．

　④寸法線 dimension line・**寸法補助線** projection line・**引出線** leader line：　これらの線にはすべて**細い実線**を用いる．特に寸法線・寸法補助線は，外形線とともに最も多く用いられるので，外形線と明確に区別できることが重要である．

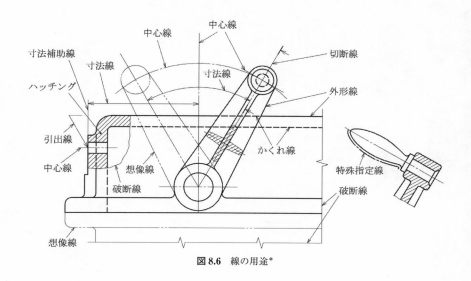

図 8.6　線の用途*

表 8.1 線の種類による用法*

用途による名称	線の種類		線の用途
外形線	太い実線	———————	対象物の見える部分の形状を表すのに用いる.
寸法線	細い実線	———————	寸法を記入するのに用いる.
寸法補助線			寸法を記入するために図形から引出すのに用いる.
引出線（参照線を含む）			記述・記号などを示すために引出すのに用いる.
回転断面線			図形内にその部分の切り口を 90 度回転して表すのに用いる.
かくれ線	細い破線または太い破線	– – – – – –	対象物の見えない部分の形状を表すのに用いる.
中心線	細い一点鎖線	—·—·—·—	a) 図形の中心を表すのに用いる. b) 中心が移動する中心軌跡を表すのに用いる.
ピッチ線			繰返し図形のピッチをとる基準を表すのに用いる.
特殊指定線	太い一点鎖線	—·—·—·—	特殊な加工を施す部分など特別な要求事項を適用すべき範囲を表すのに用いる.
想像線	細い二点鎖線	—··—··—	a) 隣接部分を参考に表すのに用いる. b) 工具, ジグなどの位置を参考に示すのに用いる. c) 可動部分を, 移動中の特定の位置または移動の限界の位置で表すのに用いる. d) 加工前または加工後の形状を表すのに用いる. e) 繰返しを示すのに用いる. f) 図示された断面の手前にある部分を表すのに用いる.
破断線	不規則な波形の細い実線またはジグザグ線	〰〰〰	対象物の一部を破った境界, または一部を取り去った境界を表すのに用いる.
切断線	細い一点鎖線で, 端部および方向の変わる部分を太くした線	⌐⌐	断面図を描く場合, その断面位置を対応する図に表すのに用いる.
ハッチング	細い実線で, 規則的に並べたもの	/////	図形の限定された特定の部分を他の部分と区別するのに用いる. 例えば, 断面図の切り口を示す.
特殊な用途の線	細い実線	———————	a) 外形線およびかくれ線の延長を表すのに用いる. b) 平面であることを示すのに用いる. c) 位置を明示または説明するのに用いる.
	極太の実線	▬▬▬	薄肉部の単線図示を明示するのに用いる.

⑤**想像線** imaginary line：　図に現れていない部分を仮想的に示す線で，**細い二点鎖線**を用いる．（第9章参照）

⑥**切断線** cutting plane line：　断面図を描く場合に切断箇所を示す線で，**細い一点鎖線**を用いる．その両端および屈曲箇所は，長さ数 mm 程度を太い実線とし，両端には投影の方向を示す矢印を付ける．（第10章参照）

⑦**破断線**：　対象物の一部を仮想的に破って表現するとき，その境界を示す線で，**細い不規則な実線**または**ジグザグ線**で描く．

8.4.3　重なる線の優先順位

図面の中で2種類以上の線が重なる場合は，次の優先順位にしたがって表す[**図 8.7**]．

1．外形線　2．かくれ線　3．切断線　4．中心線　5．寸法補助線

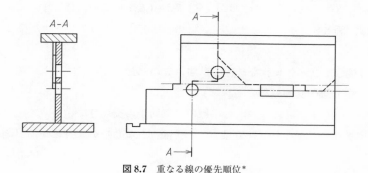

図 8.7　重なる線の優先順位*

8.5　尺　　　　度

製図では対象物を原寸で表すのが最も望ましいが，対象物が大きい場合は縮小し，小さい場合は拡大して描くことも必要となる．このとき，図示された図形の寸法 A と実際の寸法 B の比率 A：B を図形の**尺度** scale という．

推奨される尺度の値を**表 8.2**（JIS Z 8314：1998）に示す．尺度は図面の表題欄に記入する．原則的には，一連の図面の尺度は同一であることが望ましいが，やむをえず一部異なる尺度を用いる場合には，その図の近くに尺度を明記しなければならない．

表 8.2 推奨尺度*

種 別	推 奨 尺 度
現 尺	1:1
倍 尺	50:1　20:1　10:1　5:1　2:1
縮 尺	1:2　　1:5　　1:10　　1:20　　1:50 1:100　1:200　1:500　1:1000 1:2000　　1:5000　　1:10000

8.6　作図の際に注意すべき事項

8.6.1　破線すきまの配置

破線から実線への移行部分，および破線が円弧から直線へ移行する部分を描くときには，**図 8.8** に示すように破線直線部の端がすきま（アキ）となるように描く．

また近接した 2 本の平行な破線ではすきまの部分を互いにずらして引く．

8.6.2　中心線の交わり部

交差する中心線の場合は，一点鎖線の直線同士の交わりで中心点を明確に示すことが必要で，中心点が一点鎖線のすきま部分とならないようにする［**図 8.9**］．

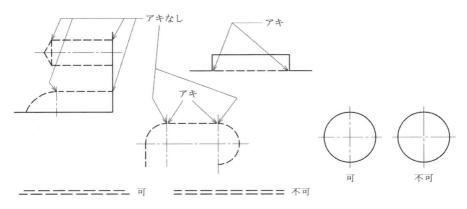

図 8.8　破線を引く際の注意　　　　　図 8.9　中心線の交わり部

8.6.3 作図の手順

手描き製図に限らず，効率よく図面に仕上げるには**図 8.10** に示すように線引きを適切な順序で行う必要がある.

まず対象物と用紙の大きさから尺度を定める. 対象物の正面図を定め，輪郭の大きさを基に各投影図の位置を決定し，水平線 1，垂直線 2 を引く（細い線）.

①まず主となる中心線 3，4，5，次に輪郭 6，7，8，9，10 を描く（細い線）.

②図 (a) の輪郭を描いたことにより引ける中心線（図 (b) の 1）を引き，次に円弧（図 (b) の 11，12）および円（図 (b) の 13）（外形線）を引く.

③水平線 14，垂直線 15 を外形線で引く，次にかくれ線（かくれ線の部分にはなるべく作図線を引かない）を引く. 不必要な作図線を消す（図 (c)）.

④引出線，寸法線 16 を引き寸法その他，記事を記入する（図 (d)）.

なお，回転軸など円形断面の形体を構造の基本とする対象物を描く場合には，軸心となる中心線から作図を始めるのがよい.

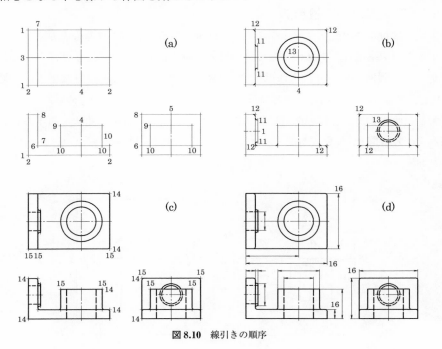

図 8.10 線引きの順序

9. 図形の表し方

　図形は用いられる目的に合わせて合理的に描くことが大切である．図学で作図する図形とは異なり，製図ではわかることを第一にして合理的で無駄を省く方法がとられ，表し方に迷わないような工夫がなされている．

　本章では，製図の際にできるだけ簡潔な図を用いて，対象物の情報を洩れなく正確に伝えるさまざまな表現方法を学ぶことにする．

9.1　製図に用いる投影法

　図面は対象物の形状に寸法や注記などを書き加えて表現されるもので，図形は正確な形で描かれ，細部にわたるまで数多くの情報を記述する必要がある．したがって，製図に用いる投影法は原則として第1章で述べた**正投影法**を用い［**図 9.1**］，対象物と投影面の関係は**第三角法**［**図 9.2**］とすることが定められている．第三角法による投影図の配置は**図 9.3**に示すが，この場合第三角法であることを示す記号［**図 9.4**］を表題欄またはその近くに示す．

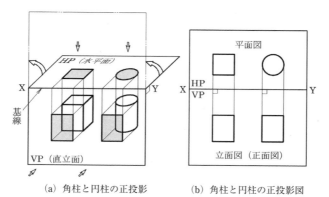

（a）角柱と円柱の正投影　　　　（b）角柱と円柱の正投影図

図 9.1　正投影法（図 1.5, 図 1.6 参照）

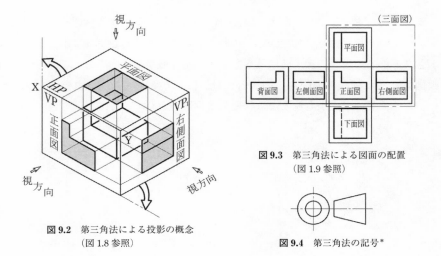

図 9.2 第三角法による投影の概念
（図 1.8 参照）

図 9.3 第三角法による図面の配置
（図 1.9 参照）

図 9.4 第三角法の記号*

9.2 主投影図の選び方

　自動車や動物を描くとき無意識に左向きの状態を横から見た絵で表し，人の顔は正面から見た形で描くことが多い．これは対象物の形として最も情報量の多い面を選んでいるからである．**図 9.5** に示す自動車の場合，真横から見た正面図のほうが前方から見た左側面図や上方から見た平面図に比べて，車体の特徴をよく表している．工業製品や部品にも同様にその形状の情報を最も多く持つ面があり，これを選んで表した図を**主投影図** principal view（**正面図**）という．製図ではこの主投影図を基にして，対象物の形状や寸法などの情報を伝えるために必要な他の補助となる投影図を添えて図面を構成する．

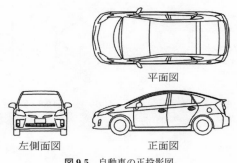

平面図

左側面図　　　　正面図

図 9.5 自動車の正投影図

　組立図など主として機能を表す図面では，対象物を使用する状態を主投影図とすればよい．部品図では加工が第一の目的である．例えば**図 9.6** に示す旋盤で加工される部品の場合，加工時に最も多く図面を参照する工程を考えて向きを定め製図しなければならない．この場合には，**図 9.7** に示すように中心線を水平にし，かつ作業の重点が右側となる状態を主投影図として描く．

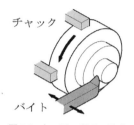

チャック

バイト

図 9.6　加工時の製品の姿勢

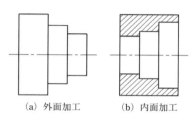

（a）外面加工　　　（b）内面加工

図 9.7　主投影図の向き

　製図では主投影図に必要な寸法を集中的に記入する．主投影図だけでは対象物の形状が表せないときや，必要な寸法が記入できない場合に，はじめて他の投影図を描くようにする．原則として，できる限り少ない図で対象物の情報を伝えることが望ましい．記号の活用や後述の**補助投影図 auxiliary view・想像図示法**などを用いれば，他の投影図は省略できる場合も多い．

　図 9.8 に示す部品は単一図で形状・寸法がすべて表される例であり，このような場合には側面図は描かない．**図 9.9** は左端部が六角形で，この部分の寸法を記入するために，側面図が必要となる部品の例である．

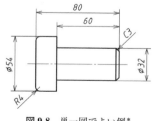

図 9.8　単一図でよい例*

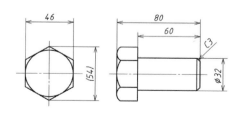

図 9.9　側面図が必要な例

9.3　補助投影図・部分投影図・局部投影図

　水平・直立両投影面に傾く対象物の面は，正面図・平面図・側面図ではその実形を表すことができない．このような場合には**図 9.10** に示すように，側面図は描かずに実形を示したい斜面に対向する位置に，必要な部分だけを補助投影図を用いて示す．なお，紙面の関係などで補助投影図を所定の位置に配置できない場合には，**図 9.11**（a）のように，視方向の矢印と上向きの英大文字で指示するか，または図 9.11（b）のように折り曲げた中心線で投影関係を示す．この場合，本来の図の向きを変えてはならない．

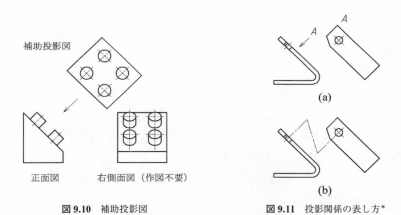

図 9.10　補助投影図

図 9.11　投影関係の表し方*

　対象物の一部分，あるいは一局部だけを補助的に図示すれば十分な場合には，必要な部分だけを**部分投影図** partial view［**図 9.12**］または**局部投影図** local view［**図 9.13**］で表す．この場合，中心線をつなぎ対応を明らかにする．

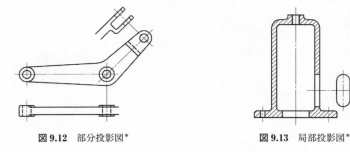

図 9.12　部分投影図*

図 9.13　局部投影図*

　また，**図 9.14**（a）のように片側の側面図に先方の見える部分をすべて図示するとかえって図が読取りにくくなる場合には，図 9.14（b）のように両側の部分投影図を描き，必要な部分のみを図示した方が簡明で理解しやすい．

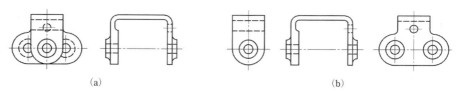

（a）　　　　　　　　　　　　　　　　　（b）

図 9.14　部分投影図を用いた簡単な表示法*

9.4　回転投影図

　対象物の一部分が投影面に傾いた品物を，**図 9.15**（a）に示すようにそのまま投影すると実形が表れず作図・読図がともに困難なうえ，加工などに必要な情報を明示することもできない．このような場合には図 9.15（b）に示すように，リブの位置を A まで回転した状態を表現して実形を図示する方法が採られる．また，回転体でない場合でも**図 9.16**のように，傾斜したアームの部分を投影面に平行な位置まで回転して図示することができる．このとき回転軌跡を示す作図線は図面には描かなくてもよい．

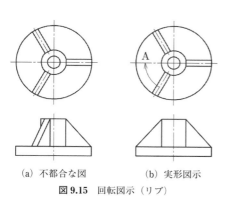

（a）不都合な図　　　　　（b）実形図示

図 9.15　回転図示（リブ）

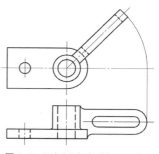

図 9.16　回転図示（傾斜アーム）*

9.5 図形の省略

9.5.1 対称図形の省略

図 9.17（a）に示すように図形が対称形の場合には，対称中心線の片側を省略してもよい．この場合には，対称中心線の両端部に対称図示記号（短い 2 本の平行細線）を付ける．なお，片側省略図で読み誤るおそれがある場合には，対称中心線を少し越えた部分まで図示することが望ましい．その場合には図 9.17（b）のように対称図示記号は省略する．

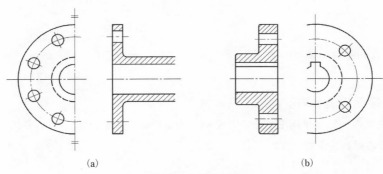

(a)　　　　　　　　　　　　　　　　　(b)

図 9.17　片側省略図*

9.5.2 繰返し図形の省略

ボルト・ボルト穴・管・管穴など同種同形が多数並ぶ場合には，すべてを描く必要はなく図形を省略できる．**図 9.18** に示すように，要点と 1 ピッチ分だけを図示し，残りはピッチ線と中心線の交点で示す．

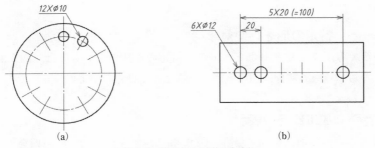

(a)　　　　　　　　　　　　　　　　　(b)

図 9.18　繰り返し図形の省略*

9.5.3 図形の中間部分の省略

同一断面形状の長い軸や形鋼・管などでは，スペースを省くために**図 9.19** に
示すように中間部分を省略して図示することができる．この場合切り取った端部
は破断線で示す．また，長いテーパ部分の中間部を省略するときには，**図 9.20**
のように図示する．

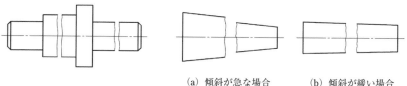

(a) 傾斜が急な場合   (b) 傾斜が緩い場合

図 9.19 軸の中間部分省略図*   **図 9.20** テーパ部の中間部分省略図*

9.6 平面の表し方

対象物の一部が平面であることを明示するには，**図 9.21** に示すように，平面
の部分に対角線を細い実線で記入する．

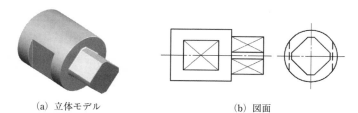

(a) 立体モデル   (b) 図面

図 9.21 平面の表示法*

9.7 一部に特定の形を持つ対象物

キー溝やリングの切割りなど，一部に特定の形状をもつものは，**図 9.22** のよ
うに，なるべくその部分が図の上側になるように描くのがよい．

9.8 特殊な加工部分の表示

対象物に特殊な加工を施す場合，**図 9.23** に示すように，その範囲を外形線か
らわずかに離した太い一点鎖線で示し，特殊加工に関する必要事項を一点鎖線に
沿って上に記入する．

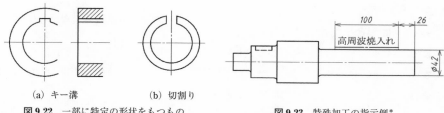

（a）キー溝　　　　　　（b）切割り

図 9.22　一部に特定の形状をもつもの

図 9.23　特殊加工の指示例*

9.9　二つの面の交わりの図示

9.9.1　丸みを持つ二平面の交わり

二つの平面の交わり部が丸みを持つときは，**図 9.24**（a）のようにそれぞれの面を延長したとき交わる位置に，交差線を太い実線で描く．なお，図 9.24（b）のように断面の角にも丸みがある場合には，交差線を外形線から少し離して引く．

9.9.2　回転体の面の交わり

図 9.25 のような回転体の場合は，二面の交差線を示す．

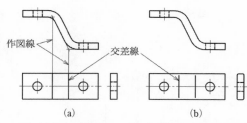

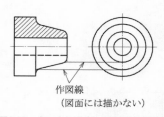

図 9.24　平面の交わり部が丸みをもつ場合の交差線*

図 9.25　角に丸みをもつ回転体の表示法

9.A   発展的学習事項

9.A.1   曲面と平面および曲面同士の交わり

図 **9.26** にアームとボスの交わり，図 **9.27** に円柱同士の交わりを図示した例を示す．交わる部分の相貫線は，その概形を円弧の一部または直線で表せば十分で，投影法にしたがった正確な形状を描く必要はない．

9.A.2   展開図示

板を曲げて作る製品などでは，必要に応じて図 **9.28** に示すように展開した形状を図示する．この場合，**展開図**の上側か下側に"展開図"と記入する．

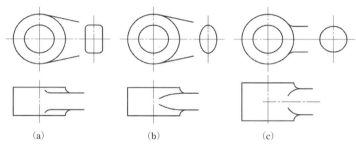

図 **9.26**   アームとボスの接合部の図示*

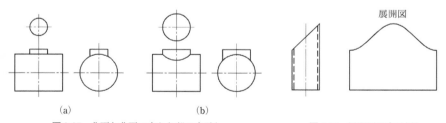

図 **9.27**   曲面と曲面の交わり部の表示*　　図 **9.28**   展開図の表示例*

9.A.3 想像図示

想像線（細い二点鎖線）を用いて，できるだけ少ない図で必要な情報を効率よく図示する方法で，以下のような場合に用いる．

①**運動範囲**を示す：　第8章図8.6のように，アームなど可動部分の運動範囲を一端の位置を外形線で，他端の位置を想像線で描いて示す．

②**隣接部分を参考**に示す：　加工や組立で重要な部分の理解を助けるために，**図9.29**のように組み合わされる隣接部分を想像線で参考に示す．

③**加工前の形状**を示す：　加工や組付けには必要であるが，完成時には除去される**部分を示す**［**図9.30**］．

その他にも想像図示法は，以下の目的にも用いられる．

④**断面図で切断面の手前の情報を示す**［**図9.31**（a）］．

⑤**加工時の工具や治具の位置を参考に示す**［図9.31（b）］．

⑥**同一図で部分的に異なる二種類の対象物を表す**［図9.31（c）］．

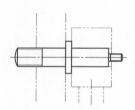

図9.29　想像図示法（隣接部分の表示）

ねじ込み後，頭を切り取る

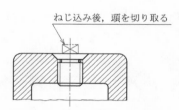

図9.30　想像図示法（加工前の状態）*

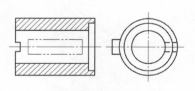

（a）切断面手前の形状図示

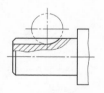

（b）工具の図示

半数は穴をここにあける

（c）2種類の形状図示

図9.31　想像図示*

10. 断 面 図

　　内部の構造を想像することには，複雑な対象物ではかなりの労苦を伴う．図面で最も大切なことは誤解なくよく理解されることである．リンゴの芯の形状などが，割ってみると一目瞭然なようにこれらの対象物も仮想的に断面にすると，内部の形状や構造がよくわかる．

　　本章では，断面の設定の仕方や誤解を避けるため断面にしてはならない場合など，基本的な製図上の約束を学ぶことにする．

10.1　断面図の利点

　図 10.1（a）に例示する部品では，内部の形状をかくれ線によって示すと図10.1（b）のようになり，その形状を読取ることが非常に困難となる．このような場合には，図 10.1（c）のように，内部の形状を分かりやすく示すために**断面図** sectional view を用いると理解が容易になる．

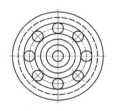
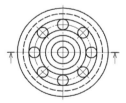

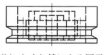
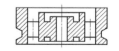

（a）切断モデル　　　（b）かくれ線による図示　　　（c）断面法による図示

図 10.1　断面図の利点

10.2 切断面の表示

断面図は，原則として投影面に平行な切断面で，対象物を仮想的に切断して手前の部分を取り除き［**図 10.2**（a）］，現れた切り口と切断面の向こう側に見える形状を描く［図 10.2（b）］．切断面の位置は切断線（細い一点鎖線）で示し，その両端は数 mm の太い実線として，この部分に投影の方向を示す矢印を付ける．

断面には必要に応じて**ハッチング** hatching［**図 10.3**］を施すが，ハッチングは原則として主となる中心線や外形線に対して 45° 傾いた細い実線を等間隔に引く．

なお，断面図であっても切断面を容易に認識できる場合にはハッチングを省略する場合がある．（図 10.17，図 11.11 参照）

複数の断面が隣接する場合には，**図 10.4** のようにハッチングの方向，間隔または傾きを変えて区別する．断面の中に寸法数字や文字などを記入するときは**図10.5** に示すように記入箇所のハッチングを中断する．

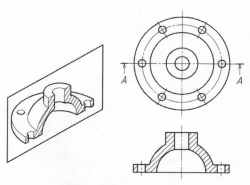

図 10.2 原則的な断面のとり方

図 10.3 ハッチング

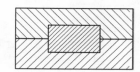

図 10.4 複数断面のハッチング*

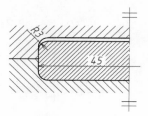

図 10.5 ハッチング部への文字記入*

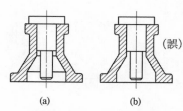

(a)　　　　　(b)

図 10.6 断面後方の線の図示

　断面図を描くときは断面の輪郭のみを示すのではなく，**図 10.6**（a）のように断面後方の外形線も図示しなければならない．とくに断面の中に軸などがある場合には，図 10.6（b）のように後方の外形線を忘れやすいので注意を要する．

10.3　全 断 面 図

　対象物の外形が断面にしても理解できる場合には，内部形状を明確に示すために，対象物の形状が最もよく表れる切断面（一般に基本中心線を含む切断面）で，対象物全体を切断して**全断面図** full section とする［**図 10.7**］．このように切断位置が明らかな場合には，切断線は記入しない．

10.4　片側断面図

　対象物が上下または左右対称の場合，切断した面の上または右側の部分を断面で示し，他の半分を外形で図示することができる．**図 10.8** は**片側断面図** half section とすることで，内部とともに外部の形状も理解しやすくなる例である．また**図 10.9** は内部の穴形状と，外部の幅 b 厚さ t の平面の部分を同時に明示するために，上側を片側断面図にしたものである．しかし，このような例は一般に少なく，**図 10.10** のような場合には片側断面図にする必要はない．

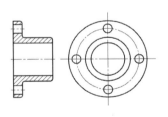

図 10.7　基本的な全断面図

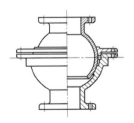

図 10.8　左右の片側断面図*

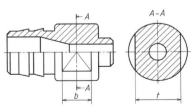

図 10.9　上下の片側断面図

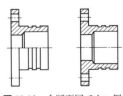

図 10.10　全断面図でよい例*

10.5 組合せによる断面図

図 10.11 のように，対象物の形状を明確に表すために，必要に応じて複数の切断面による断面図を組み合せて図示することができる．この場合，矢印で断面を見る方向を示すとともに，切断線の両端と屈曲箇所を太い実線で表して切断面の位置を示し，英大文字を用いて切断面を表示する．

10.5.1 角度をもつ切断面の組合せ

図 10.12 は対称中心線を境としてその片側を投影面に平行に切断し，他の側を投影面とある角度をもって切断した例で，この断面は投影面に平行な位置まで回転して図示する．この場合，切断線はその両端と屈曲箇所を太い実線で表す．

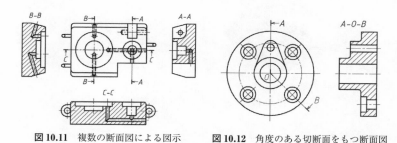

図 10.11 複数の断面図による図示　　　**図 10.12** 角度のある切断面をもつ断面図

10.5.2 平行な切断面の組合せ

図 10.13 のように，必要な場合には階段状に切断した断面図とすることができる．この場合，切断によって仮想的に現れる線は図示しない．

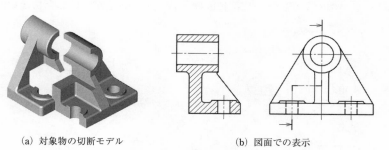

（a）対象物の切断モデル　　　　　　（b）図面での表示

図 10.13 階段状断面図*

10.5.3 さまざまな切断面の組合せ

図 10.14 に示すように断面図は必要に応じて上記の方法を組み合せて表すことができる．この場合，紛らわしくないように英大文字を用いて切断線の連なりを表示する．

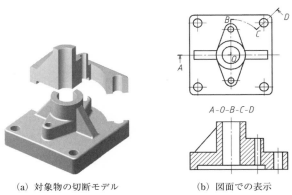

（a）対象物の切断モデル　　　　（b）図面での表示

図 10.14　切断面の組合せによる断面図

10.6　回転図示断面図

　細長いハンドルや構造部材などでは，主投影図にその断面形状を 90° 回転して図示する**回転図示断面図** revolved section が用いられる．**図 10.15** は中間部を切り取ってその箇所に断面形状を 90° 回転して図示した例である．また**図 10.16** に示すフックの例のように，中間部に断面形状を描く余地がない場合には切断線の延長上に図示する．

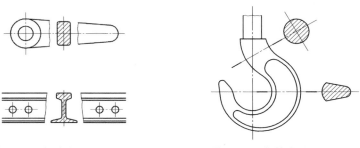

図 10.15　回転断面図*　　　　　　**図 10.16**　回転断面図*
　　　（中間部を破断して図示）　　　　　　（切断線の延長上に図示）

図 **10.17** は図形内に直接断面形状を回転して図示した例で，この場合には細い実線を用いる．**図 10.18** は軸の形状を一連の断面図で示したもので，図の B–B および C–C 断面は断面後方の形状を表すためのものである．この場合には投影の方向を示す矢印がとくに重要で，省略してはならない．

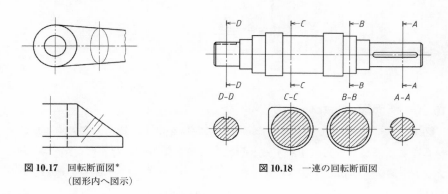

図 **10.17** 回転断面図*　　　　　　図 **10.18** 一連の回転断面図
　　　　　（図形内へ図示）

10.7 局部断面図

局部的な断面図で形状が十分理解できるような場合には，必要とする箇所だけを断面で表してよい．この場合，破断線（細い不規則な実線）によって破断部の境界を示す．**図 10.19** は，対象物が一体か組合せ構造かを明確にするための**局部断面図** local section である．

10.8 薄物の断面図

形鋼，板構造物，ガスケットなどの薄物の断面を描く場合には，**図 10.20** に示すように黒く塗りつぶすか，太さが外形線の 2 倍程度の極太の実線で表す．これらの断面が隣接しているときは，それを表す線の間にわずかにすきまをあける．

10.9 切口が広い場合のハッチング

切り口の面積が広い場合にはその外形線に沿った適切な範囲にハッチングを施すこともできる ［**図 10.21**］．

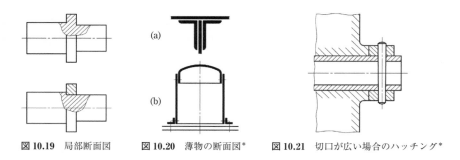

図 10.19 局部断面図   **図 10.20** 薄物の断面図*   **図 10.21** 切口が広い場合のハッチング*

10.10 断面図にしないもの

　図 10.22 に断面図で表してはならない対象物を示す．**軸，歯車の歯，車のア
ーム**などは，長手方向に切断すると形状の理解を誤る．また，**ピン類，ボルト，
ナット，座金，小ねじ，リベット，キー**など部品の締結要素，**軸受の球**やころな
どは断面にしても意味がない．これらは切断面で切断されても，原則として断面
図にしてはならない．必要な場合には，図の軸のように局部断面図とする．

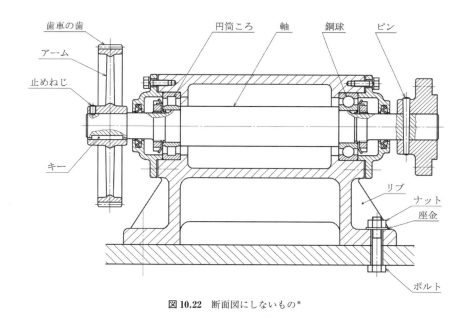

図 10.22 断面図にしないもの*

11. 寸法記入法

　　形を表す図に，大きさが数値で指定されて初めて，設計図が具体的な「もの」となる準備が調う．図面に記入された多くの寸法が複雑に見えて，どのように記入してよいか戸惑うかもしれない．しかし，寸法記入は，よく整理された原則に従っている．この原則の要点を理解し，図面に描かれた形状を実物の立体として測ることや加工すること，さらに組み立てることをイメージすれば，迷わず要領よく寸法が記入できる．このようにして寸法が記入されると，設計の意図も含めた情報が，設計に続く加工や組立ての工程に，間違いなく，わかりやすく伝わる．

　　本章では，このような寸法記入の規則を学ぶことにする．

11.1　寸　　　法

　　図面に描かれた部品や装置類の実際の長さや角度の実際の大きさは，図に示した形状に**寸法線・寸法補助線**を用いて対象箇所を指示され，**寸法数値**により指定される［**図11.1**］．この寸法数値は，とくにことわらない限り，加工後の寸法（**仕上り寸法**）を示す．

　　寸法記入の方法により作業能率や作業の手順・方法が大きな影響を受けるので，機械加工の方法や寸法の測定法，組立ての手順等を十分に配慮して寸法を記入しなければならない．

11.2　寸法記入の形式

11.2.1　寸法線と寸法補助線

　　寸法記入の基本を図11.1に示す．寸法は，長さや角度を指定する部分を示す線の両端に端末記号（機械製図では一般に開矢印）をつけた寸法線で指示し，寸法線の中央付近に書かれた寸法数値で指定する．矢印の大きさは，図形の大きさ，寸法線の長さにもよるが，長さは3 mm程度，開き角は30°以下にするのが

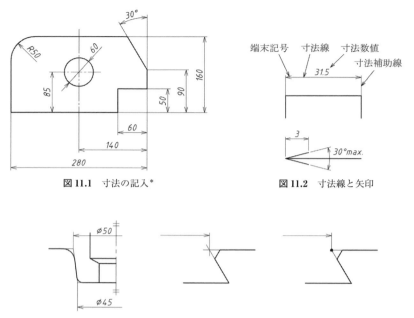

図 **11.1**　寸法の記入*

図 **11.2**　寸法線と矢印

図 **11.3**　丸み，面取りと寸法補助線*

よい［**図 11.2**］.

　この寸法線を，物体の形状が見にくくならないように寸法補助線を用いて，外形線から離して引き，その中央付近に寸法を示す数値を記入するのが基本の形式である．図面には，寸法補助線，寸法線，寸法数値の順序で記入する.

　なお，片側を省略した図形への寸法記入では，図形に対応して，寸法補助線は片側のみに引き，寸法線は対称中心線を少し越える位置まで描く［**図 11.3**］. これは中心線が，対称な形状の軸を表すという明確な情報を示すためである.

11.2.2　長さの寸法記入

　（1）長さの寸法数値はすべて mm 単位で記入し，単位記号は付けない．これは設計対象物の大小によらない，共通のルールである．小数点は下付きの点とし，見落とされることがないように，数字の間を適当にあけてその中間に大きめに書く．なお，寸法数値の桁が多い場合でも，コンマ 3 桁ごとに区切ることはしない.

　例：12.00, 123.25, 22320

（2）長さの寸法数値は，寸法線の上側に寸法線からわずかに離して記入する．すなわち，水平方向の寸法線に対しては上側に，垂直方向の寸法線に対しては図面の右側から見てその上側に記入する．この場合，寸法線のほぼ中央に記入するのがよい．斜め方向の寸法線に対してもこれに準じる．つまり，文字の足が寸法線側にあるようにして，数値の読み間違いを防ぐ．読み誤りを避けるために，寸法数値は，原則として寸法線・寸法補助線・外形線など線で切り離される箇所には記入しない．

（3）長さの寸法線は外形線から適当な距離だけ離して，長さを測定する方向に平行に引き，その両端には矢印を付ける［図 11.1，11.2］．

（4）長さの範囲を指定する寸法補助線は，図形上で該当する線の端からこれに垂直に引き，寸法線を引く位置より 2 mm 程度越える長さとする［図 11.1］．また，寸法補助線は外形線と明確に区別できるように，外形線から 1 mm 程度離して引き出してもよい［図 11.2］．

（5）互いに傾斜した 2 つの面の間に丸み・面取りがあるために（2）の該当する線の端が図に表れない場合，寸法補助線は 2 つの面を延長した交点から，図 11.3 のように引く．

（6）アームなどテーパ部分に寸法補助線を引くときは，寸法補助線が外形線と重なって見にくくならないように，適当な角度（60°が望ましい）で引き出してよい［**図 11.4**］．

図 11.4　寸法補助線を傾ける例

11.2.3　角度の寸法記入

（1）角度の寸法数値は一般に度で表し，必要がある場合には，分および秒も使用できる．度・分・秒を表すには，数字の右肩にそれぞれ °，′，″，を記入する．

例：90°，24.5°，8′21″，0°10′，6°11′52″

（2）角度を指定する寸法補助線は，角度を構成する 2 辺を延長して引く．

（3）角度の寸法線は，角度を構成する 2 辺の交点（2 辺が短いために図に交点が表れない場合は，それらを延長したときの交点）を中心として，2 辺または寸法補助線の間に引いた円弧で表す［**図 11.5**］．

（4）寸法数値は，角度を構成する 2 辺の交点を通る水平線を引いたとき，記入位置がこの線の上側にあるときは外向きに，下側にあるときは角の頂点向きに，

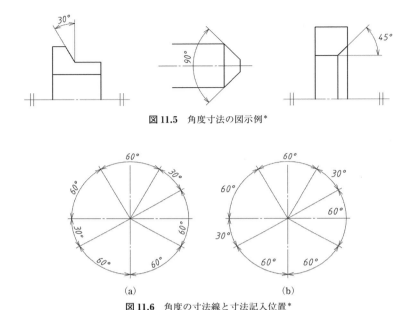

図11.5 角度寸法の図示例*

図11.6 角度の寸法線と寸法記入位置*

角度を表す数字を寸法線の上側に書く［**図11.6**（a）］. なお紛らわしい場合には，角度を表す寸法数値を上向きに記入してもよい［図11.6（b）］.

11.2.4 狭い場所の寸法記入

　長さ寸法，角度寸法の記入において，寸法補助線の間が狭くて数値を記入する，または矢印を付ける余地がないときには，数値や矢印を寸法補助線で挟んだ範囲の外側に記入してもよい［**図11.7**（a）①，②，③］. ただし，どのような場合であっても，長さや角度を示す寸法線は，寸法補助線の間に描く. また，寸法補助線の間隔がきわめて狭い場合は，矢印の代わりに黒丸を用いてもよい［図11.7（b）］.

　上記の方法でも寸法数値を記入する余地がないときは，矢印を付けない引出線を用いるか［図11.7（c）］，または拡大図を描いて記入してもよい［図11.7（d）］.

11.2.5 引出線を用いた寸法記入

　穴やねじなどで，寸法を加工法と合わせて記入したり，規格として記号・番号等で指定したりするときは，引出線を用いる. 引出線は対象物から斜め方向に引

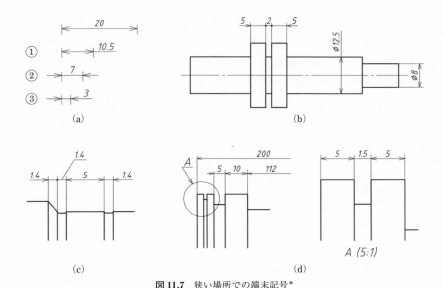

(a)

(b)

(c)

(d)

A (5:1)

図 11.7 狭い場所での端末記号*

き出し，形状を表す線から引き出す場合には矢印，形状を表す線で囲まれた面から引き出す場合には黒丸を付ける［**図 11.8**］．記事は，引出線の端を水平に折り曲げ，その上側に書く［図 11.10 参照］．

この引出線は，複数の部品を組み立てた状態で描く組立図において，部品の照合番号を記入するのにも用いられる．その場合は，引出線の端に○で囲んだアラビア数字を記入する［図 11.8］．

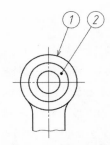

図 11.8 引出先と端末記号*

11.3 寸法記入の原則

寸法には，大別して，部品やその部分の個々の大きさに関するものと，他の部品に対する位置や部品内部での位置に関するものがあり，これらの寸法が，必要に応じて複数の図に記入される．

11.3.1 寸法を記入する位置

設計では 3 次元の形状と大きさを平面上に表すために，正面図と平面図など，複数の図が用いられ，設計者や作業者は，これらの図を相互に見比べることで形

状と寸法とを理解する．寸法は，このような比較作業で見落としがなく，対応が
わかりやすい位置に記入することが肝要である．

　（1）寸法は，品物の形状を代表する正面図（主投影図）に集中して記入し，こ
れに表せない寸法だけを側面図または平面図に記入する［**図11.9**］．つまり，記
入する寸法が多い投影図を正面図に選べばよい．

　主投影図に寸法を集中させることは，複数の図に重複して寸法を記入すること
を避け，寸法訂正の際の訂正もれを防ぐことにもなる．

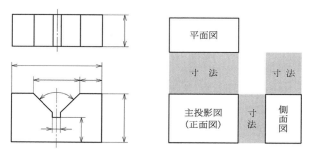

図11.9　原則的な寸法記入位置

　（2）主投影図では，寸法を図の上側と右側に記入するのを原則とするとよい．
これは，部品を手に持って長さを測る場合，自然にものの上側と右側に定規を当
てることと対応している．この原則的な位置にある寸法は，加工や組立て状態の
確認のためにも都合がよい．

　（3）2つ以上の関係図がある場合，相互の寸法がわかりやすいように，関係図
が描かれている方に記入する［図11.9，**図11.10**］．

11.3.2　基準部のある寸法の記入

　加工または組立ての際，基準とする箇所がある場合には，寸法はその箇所を起
点として記入する．とくに基準を示す必要がある場合には，その面に“加工基
準”，“組立基準”などと記入する［**図11.11**］．

　図11.12 に示すように，原則として，寸法はある**基準位置**からそれぞれ並列的
に記入する．加工は記入された寸法に従って行うので，**図11.13** のように各部分
ごとに寸法を記入すると，これを基に加工された場合，製作における誤差が累積
することになる．

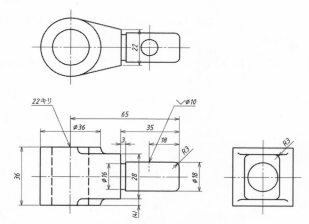

図 11.10 関連図と寸法記入位置

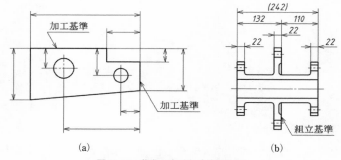

(a) (b)

図 11.11 基準の表示と寸法記入例*

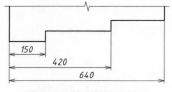

図 11.12 並列寸法記入法*
（左端が基準位置）

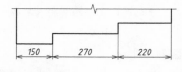

図 11.13 直列寸法記入法*

　基準とする箇所から多くの寸法を記入する場合，**図 11.14** のように基準とする箇所を白小丸（**起点記号**）で示し，寸法線の他端を矢印で示してもよい（**累進寸法記入法**）．この場合，寸法数値は対応する矢印の近くに記入する［図 11.14（a）］か，寸法補助線に並べて記入する［図 11.14（b）］．

　なお，重要度が低く誤差の累積を許す**参考寸法**は，寸法数値に括弧をつける［図 11.11（b）］．

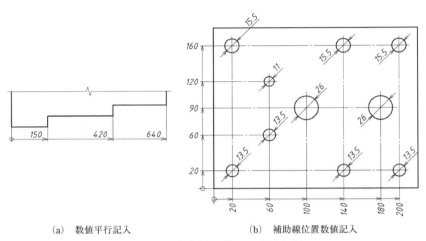

　　　　（a）　数値平行記入　　　　　　　　　（b）　補助線位置数値記入
図 11.14　累進寸法記入法および起点記号*

11.3.3　関連部分の寸法

　対象物の関連した部分は，寸法線を一直線にそろえるのがよい［**図 11.15**］．同様に，ひとつの部品に複数の加工法を用いる場合は，加工法ごとに寸法をまとめて記入するとよい［**図 11.16**］．関連する部分が複数の図に示される場合は，なるべく 1 箇所にまとめて記入する．例えば，フランジのボルト穴では，穴の寸法・配置とピッチ円の直径を，ピッチ円が描かれている方の図へまとめて記入する［**図 11.17**］．

　角度の場合は寸法線を同じ半径位置にそろえる［図 11.6］．

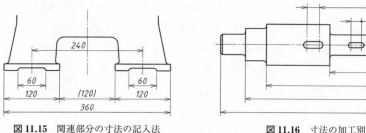

図 **11.15**　関連部分の寸法の記入法　　　　　図 **11.16**　寸法の加工別配置

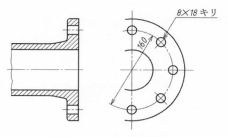

図 **11.17**　関連した寸法の記入例*

11.4　寸法記入に関する注意

11.4.1　見やすい寸法線の配列

　寸法補助線を引いて記入する寸法が平行していくつも並ぶ場合には，各寸法線は同じ間隔に引き，小さい寸法を内側に，大きい寸法を外側にして寸法の記入位置をそろえる［**図 11.18**］．

　寸法線の交差はなるべく避けるように配列する．図 11.17 のように，図の近く

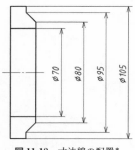

図 **11.18**　寸法線の配置*

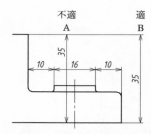

図 **11.19**　交差を避けた寸法線の記入

から寸法線を小さい寸法から順に，配列すれば交差は起こらない．**図 11.19** では
Aの箇所に記入しないで，Bまで引出すことが必要である．

11.4.2　寸法線を引き出さない場合

寸法線は，寸法補助線により寸法指定箇所から図の外側に引き出して記入する
のを原則とする［図 11.1］．ただしこれに従うと寸法線や寸法補助線が他の外形
線と重なったり［**図 11.20**］，寸法指定箇所と寸法線が大きく離れたりする場合
［**図 11.21**］には，図中に寸法線を引き，外側には引き出さない方がよい．

11.4.3　寸法線の記入を避ける範囲

斜めに長さの寸法を記入する場合，文字の向きが紛らわしく読み間違う恐れが
あるので，**図 11.22** に示す網掛け部分には寸法線の記入を避ける．図形の関係で
記入しなければならない場合には，紛らわしくないように寸法数値を上向きに記
入してよい．また一般には，斜めに寸法を記入する場合，**図 11.23** のように右上
りの寸法線を用いるのがよい．

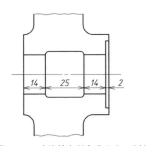

図 11.20　寸法線を引き出さない例*

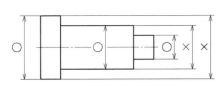

図 11.21　寸法線の適切な記入位置

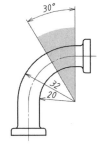

図 11.22　寸法記入を避けたい部分*

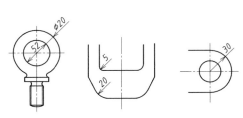

図 11.23　右上がりの寸法線の使用

11.5　特定形状の簡明な寸法記入法

　設計でよく表れる形や主要な機械要素には，寸法数値に記号等を併用することで，簡明で記入の手間も省ける寸法記入法が定められている．以下に，特によく用いられる表現を挙げる．

11.5.1　直径・半径寸法

　(1) 軸などのような円形断面の部品は，一般に旋盤で加工される［図 9.6，図 9.7 参照］．このときは，加工者が材料を見る状態の図，円形が図示されない正面図に直径寸法を記入するのが原則である．円の実形が現れない図に対して直径を表すには直径の記号 φ（「まる」または「ふぁい」と読む）を，寸法数値の前に数字と同じ大きさで記入する［**図 11.24**］．なお，円の実形を示した図に寸法数値を記入する場合は記号 φ を用いない［図 11.23］．

　(2) 半径を表すには，半径の記号 *R*（「あーる」と読む）を寸法数値の前に付ける［**図 11.25**］．円弧の半径を示す寸法線には，弧の側にだけ矢印を付け，中心側には付けない．直径の場合は両対象部に矢印を当てられるが，半径は対象部が片側のみの場合に相当する［図 11.17，図 11.27 参照］．

　半径を示す寸法線を円弧の中心まで引く場合には，この記号 *R* を省略してもよい［**図 11.26**］．特に中心を示す必要がある場合には，黒丸または十字でその位置を示す［図 11.26 (b)］．また，矢印や寸法数値を記入する余地がないときは，**図 11.27** の例による．

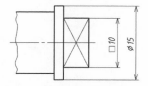

図 11.24　直径および正方形の記号*

図 11.25　半径の記号*

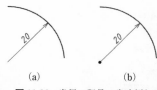

(a)　　　　　　(b)

図 11.26　半径の記号の省略例*

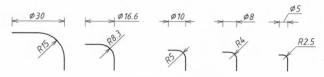

図 11.27　寸法記入における直径と半径の対比

（3）円弧部分の寸法は原則として，円弧が
180°までは半径で表し，それを越える場合には直
径で表す［**図 11.28**］．ただし，円弧が 180°以内
であっても，加工上直径の寸法を必要とするもの
では，直径の寸法を記入する．また対称形状の品
物の片側半分を省略した図は，図示された円弧が
180°以内であっても，必ず記号 φ を付記して直
径の寸法を記入する［図 11.35 参照］．

(a) 半径   (b) 直径

図 11.28 直径・半径での寸法指定

11.5.2 正方形の寸法

正方形を表すには，一辺の長さを表す数値の前に正方形の記号□（「かく」と
読む）を記入する［図 11.24］．この表し方も直径の φ と同様に，図に正方形の
形状が示されない場合に用いる．

11.5.3 板 の 厚 さ

板の厚さを図示しないで表すときには，厚さの寸法数値の前に厚さの記号 *t*
（「てぃー」と読む）を付して，板の付近またはその面に記入する［図 11.29（c）参
照］．板厚寸法を記入するだけのために側面図を描く手間を，省くことができる．

11.5.4 面取りの寸法

外向きに尖った 2 平面のなす角は，取り扱う場合に傷付きやすいので，平面で
角を落とす**面取り** chamfering が行われることがある．この面取りは，45°の角度
で行うことが多い．この場合，面取りの記号 *C*（「しー」と読む）を面取部分の
寸法数値の前に記入する［**図 11.29**］．45°以外の面取り場合は，面取り幅と角度
を**図 11.30** の例により記入する．

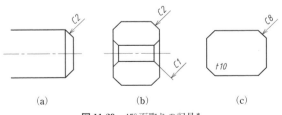 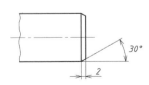

(a)   (b)   (c)

図 11.29 45°面取りの記号*

図 11.30 原則的な面取り寸法
図示例*

11.5.5 穴 の 寸 法

(1) 各種穴の寸法

きり穴・リーマ穴などは，一般に引出線を用いその端を水平に引いて，加工を指定する注記方式で表す．原則として工具の呼び寸法数値の後にその区別を付記する［**図 11.31**］．穴の深さを指示する場合には，穴の直径寸法に続いて穴の深さを示す記号 ▽（「あなふかさ」と読む）と数値を記入する．深さは穴の円筒部分の長さである．ただし，貫通した穴には深さを記入しない［図 11.34 参照］．

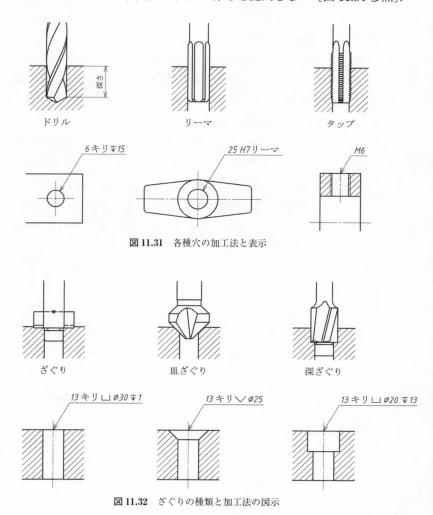

ドリル リーマ タップ

6 キリ▽15 25 H7リーマ M6

図 11.31 各種穴の加工法と表示

ざぐり 皿ざぐり 深ざぐり

13 キリ ⊔ ∅30 ▽1 13 キリ ∨ ∅25 13 キリ ⊔ ∅20 ▽13

図 11.32 ざぐりの種類と加工法の図示

　図 11.32 は，ざぐり・皿ざぐり・深ざぐりの寸法記入例である．ざぐりの種類を示す記号 ⌴（用途により「ざぐり」または「ふかざぐり」と読む），∨（「さらざぐり」と読む）に続いて，ざぐりの直径や深さを必要に応じて指定する．

(2)　長円の穴の寸法

　長円の穴の寸法は，**図 11.33** のように全長（測定可能）寸法．または工具の中心間距離（加工指示）寸法を記入する．これは長円の穴にどのような機能を与えるかとも関係する．図 11.33（a），（b）では，両端の円弧の寸法は，長円の穴の幅を指定した加工の結果として決まるので，数値なしの記号（*R*）で示す．

(3)　同一間隔に連続する同種の穴の寸法

　一群の同一寸法の穴は，**図 11.34** のように穴の個数を示す数字の後に×を挟んで穴の寸法を，注記方式により記入する．穴が円周上に等間隔に配置されている場合には，**図 11.35** のように穴の個数と寸法を記入すればよい．

11.5.6　片側省略図の寸法の表し方

　対称な図形で片側を省略した場合の寸法の記入は，その対称中心を越えて寸法線を適当に延長し，延長した側の寸法線の端には矢印をつけない［**図 11.36**］．

11.5.7　キー溝およびキー溝をもつボス・軸の寸法

　キー溝の寸法は，**図 11.37** および**図 11.38** のように，実際に寸法が測定できる位置に記入する．なお，図の正面図（それぞれの左側に配置した図）の軸，穴の

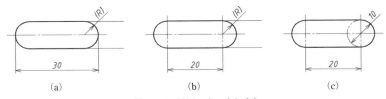

　　　　(a)　　　　　　　　　　(b)　　　　　　　　　　(c)

図 11.33　長円の穴の表し方*

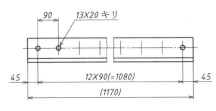

図 11.34　間隔の数とピッチによる記入法*

図 11.35　等間隔の穴の寸法記入例

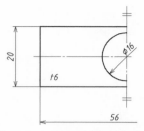

図 11.36 片側省略図の寸法記入例*

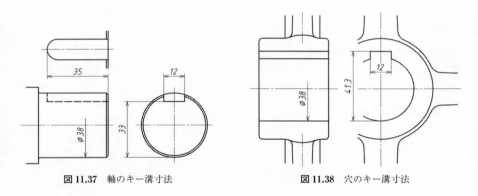

図 11.37 軸のキー溝寸法   **図 11.38** 穴のキー溝寸法

上部の外形線は，キー溝があることによって，直径にあたる位置ではなくなるので，図11.36と同様に，中心線を越える位置まで寸法線を引き，反対側には矢印をつけずに寸法を記入する．

11.6 寸法の検査

設計図面は製品を製作するための指示書であり，必要な情報が正しく，かつわかりやすく記入されていなければならない．したがって，図面が完成したら，次の事項を今一度念頭において，寸法の検査を十分に行わなければならない．

(1) 寸法は，形状・位置を確定できるように記入されているか．

(2) 必要な寸法が計算しないですぐにわかるか．

(3) 不要な寸法または重複寸法はないか．

(4) 寸法は，主投影図に加工・基準面を考えて集中的に記入されているか．

(5) 複数の図面に関連する寸法は，互いに対応する位置に記入されているか．

(6) 寸法は，実際に測定できる箇所，加工で参照する箇所に記入されているか．

（7）必要な箇所の寸法の許容限界記入法，幾何公差の図示方法，表面性状の図示方法（いずれも第 12 章）は正しいか．

11.A　発展的学習事項

11.A.1　特定形状の寸法記入法

よく表れる形状に対して，11.5 節に説明した以外にも，記号を併用した簡明な寸法記入法が定められている．該当するものは，積極的に利用したい．

（1）　径が大きい円弧の寸法

円弧の中心が弧から遠いとき，**図 11.39** に示すように寸法線を折り曲げて，その中心を円弧の付近に示してもよい．この場合，寸法数値は矢印のある寸法線の部分に記入する．また矢印のある部分の寸法線の方向は，弧の実際の中心方向に引く．

（2）　球面の寸法

球面の直径および半径を示す場合には，それぞれ直径 ϕ，半径 R の前に球の記号 S を付した記号 $S\phi$（「えすまる」または「えすふぁい」と読む）および SR（「えすあーる」と読む）を，寸法数値の前に記入する［**図 11.40**］．

図 11.39　半径の中心と折り曲げ
寸法線*

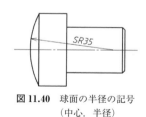

図 11.40　球面の半径の記号
（中心，半径）

（3）　曲線の寸法の表し方

図 11.41 のように曲線が円弧の組合せで構成されるとき，それらの円弧の半径と，その中心または円弧の接線の位置で表す．円弧でない曲線は，**図 11.42** の方法によって表す．円弧で構成された曲線の場合でも，図 11.42 の方法で表した方が便利な場合には，これによることができる．

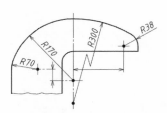

図 11.41　円弧で構成される曲線*

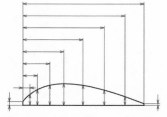

図 11.42　円弧で構成されない曲線*

(4)　弦および円弧の長さ寸法の表し方

　弦の長さを示す寸法線は，弦に平行な直線で表す［**図 11.43**（a）］．円弧の長さを示す寸法線は，その円弧と同じ長さの同心の円弧で表す［図 11.43（b）］．なお，円弧であることを明示するために，寸法数値の前に円弧の長さの記号 ⌒（「えんこ」と読む）を付ける．

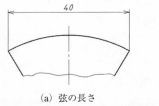

(a)　弦の長さ

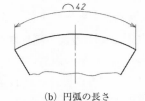

(b)　円弧の長さ

図 11.43　弦および弧の長さの寸法*

(5)　形鋼の寸法の表し方

　構造部材として多く用いられる各種の**形鋼** sections は，**表 11.1** に示す断面形

表 11.1　各種構造用形鋼とその表示方法（抜粋）*

種　類	断面形状	表示方法	種　類	断面形状	表示方法
等辺山形鋼 形状記号 ∟	A, t, B	$∟A×B×t−L$	溝 形 鋼 形状記号 [	H, t_1, t_2, B	$[H×B×t_1×t_2−L$
不等辺山形鋼 形状記号 ∟	A, t, B	$∟A×B×t−L$	H 形 鋼 形状記号 H	A, H, t_1, t_2	$HA×A×t_1×t_2−L$

備　考　L は長さを表す.

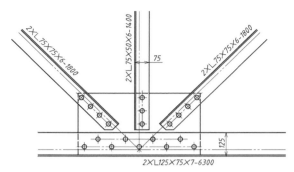

図 11.44　形鋼への寸法の図示例*

状記号と各部の寸法数値を用いて表すことができる．形鋼の断面形状記号および寸法は，その形鋼の図形に沿って記入し，全長は断面寸法の次に短線をはさんで記入する［**図 11.44**］．

　不等辺山形鋼の場合，図示されている面に長辺または短辺の寸法を記入する．なお，平鋼の場合は，断面寸法を「幅×厚さ」で表す．

(6)　テーパおよびこう配の表し方

　テーパ taper は中心線の両側に傾斜をもつ場合［**図 11.45**（a）］，**こう配** slope は片側のみに傾斜をもつ場合［図 11.45（b）］の名称で，以下の方法により傾斜を指示する．正確なはめあいを必要とする箇所に用いられる場合が多い．

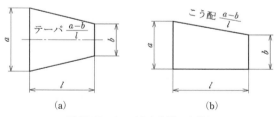

（a）　　　　　　　　　　　　　（b）

図 11.45　テーパとこう配の定義*

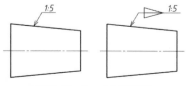

図 11.46　テーパの図示例*

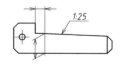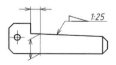

図 11.47　こう配の図示例*

　テーパ，こう配の傾斜の割合（比）は，図 11.45 に示す寸法を用いて，ともに $(a-b)/l$ で与えられる．この値を比率で表し，引出線を用いてテーパ・こう配をもつ面の外形線と結んで参照線上に記入し指示する．テーパおよびこう配の向きを特に明らかにする必要があるときには，**図 11.46**，**図 11.47** の図記号を，テーパ・こう配の向きに一致させて付記する．

11.A.2　効率的な寸法記入

(1)　複数箇所の同一寸法の表し方

　1 個の部品に同一寸法の箇所が 2 つ以上ある場合には，寸法はそのうちの 1 箇所だけに記入すればよい．この場合，寸法記入を省略する箇所には，同一寸法で

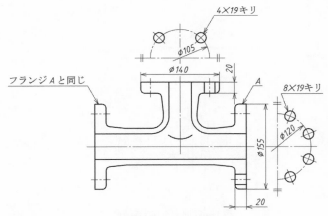

図 11.48　同一寸法の省略例

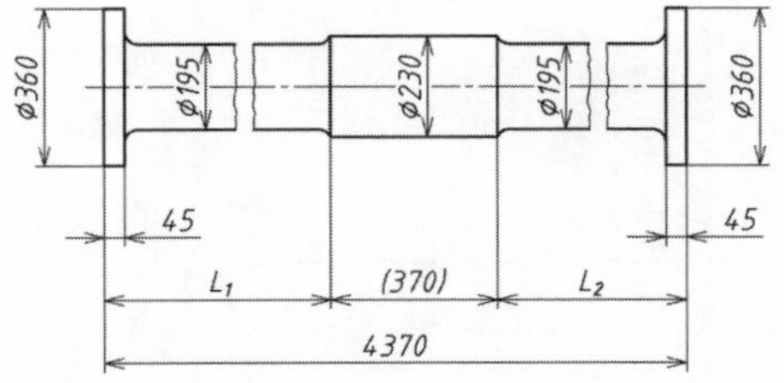

記号＼品番	1	2	3
L_1	1915	2500	3115
L_2	2085	1500	885

図 11.49　文字記号と表形式を用いる寸法図示例[*]

あることを記事で示す［**図 11.48**］.

（2）　文字記号による寸法の指示法

類似した形状で一部寸法が異なる場合などでは，文字記号を用いてその数値を別に表などで示してよい［**図 11.49**］.

（3）　座標による穴の寸法記入方法

図 11.50 に示すように，穴の位置や大きさの寸法を，起点からの座標値を表にして示してよい．起点は，加工などの条件によって定める．

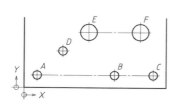

	X	Y	∅
A	20	20	13.5
B	140	20	13.5
C	200	20	13.5
D	60	60	13.5
E	100	90	26
F	180	90	26

図 11.50　正座標寸法記入法*

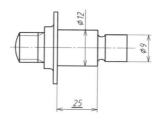

図 11.51　非比例寸法の図示例*

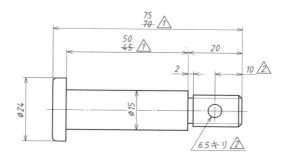

⚠1 寸法変更（××××年×月×日変更）

⚠2 円筒穴を追加（××××年×月××日変更）

図 11.52　訂正・変更の指示法*

11.A.3　図面の訂正・変更に関する注意

　図面には，図の寸法と寸法数値とが対応した情報として示されるが，設計変更，既存図面の利用などでは，一部の寸法数値が図の寸法と一致しない場合がある．このような場合，疑いを起こさないために，寸法数値の下に太い実線を引く[**図 11.51**]．また，出図後に図面を訂正・変更するときは，変更前の形状および数値は適当な記号を付けて保存し，変更が行われたことがわかるようにする[**図 11.52**]．なお，出図後の変更の履歴を残すのは，図面が「ものづくりにおける契約書」であることによる．**工業製品は，加工・組立ての前に，図面の上ですでにできあがっている**．製図を学ぶ者は，**製図とは，単に図を描くことではなく，図を用いて，ものづくりをすることである**と銘記すべきである．

12. 寸法・形状の精度と表面性状の図示法

　機械装置は複数の部品を組み立てて作られる．このとき，機械が正しく動作するには，部品どうしの相対運動や固定が適切に行われるように，部品の形や寸法に加えて，適切な隙間や締め付け具合，寸法や形状のずれが許容される範囲，表面の微細な凹凸などについても指定する必要がある．我々が設計する機械とは，これらを指定することで正しく機能する繊細な創造物なのである．これらの指定はサイズ公差，幾何公差，表面性状の名称で，系統的に規格が設定されている．

　本章では，これらの概念と指示法を学ぶことにする．

12.1　寸法の精度の記入法

　図面で指定された寸法に対して，完成した部品の寸法には加工により必ずいくらかの誤差が生じる．また，エンジンなど，動作時と休止時で温度が異なる装置の場合は，それぞれの状態での寸法は異なる．これらの部品が設計で計画したとおりに組み立てられ，機械装置が正しく機能するためには，相互に接して組立てられる部品どうしの隙間や締め付け具合が指定され，さらに加工において避けられない寸法の誤差が許容範囲内にあることが必要である．許しうる寸法（円・円筒の直径や相対する平行二平面の幅など，対象物の部分の大きさを表す寸法を**サイズ**と呼ぶ）の誤差の範囲を**サイズ公差** tolerance といい，部品の機能に対応して寸法数値に付加して指示されなければならない．

12.1.1　はめあい（**JIS B 0401-01**：2016）

　寸法公差の記入が要求される最も重要な場合の1つに，軸と穴の**はめあい** fit がある．JIS には軸と穴のはめあいについて，ISO コード方式による公差の指定が規定されている．サイズ公差方式は，単に円筒形のはめあい部の寸法に適用されるだけでなく，キーの厚さやキー溝の幅にも適用される．

12.1.2　はめあいに関する用語

はめあいに関する用語を，以下および**図 12.1〜図 12.4** で説明する．

①**図示サイズ** nominal size：　通常記入される寸法数値で，許容限界サイズの基準となる寸法である．互いに組み合わされる 2 つの部品の図示サイズ（穴と軸の径など）は共通にとる［図 12.1］．

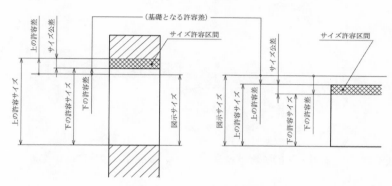

図 12.1　サイズ公差関連用語*

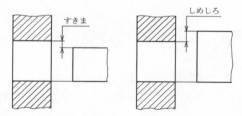

図 12.2　すきまとしめしろ*

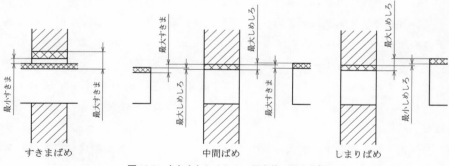

図 12.3　すきまとしめしろの最大値，最小値*

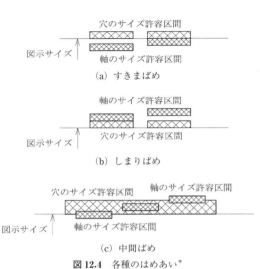

図 12.4　各種のはめあい[*]

　②**上の許容サイズ・下の許容サイズ**：　対象物のある部分について許される最大の寸法と最小の寸法［図 12.1］.

　③**基礎となる許容差**：　図示サイズに関連してサイズ許容区間の位置を定義する許容差［図 12.1］.

　④**サイズ許容区間** tolerance interval：　上の許容サイズ寸法と下の許容サイズとの間に挟まれた寸法の領域.

　⑤**上の許容差**：　上の許容サイズ［図 12.1］から図示サイズを減じたもの［図 12.1］. 上の許容差は，穴を記号 *ES*，軸を記号 *es* で示す［**図 12.5**］.

　⑥**下の許容差**：　下の許容サイズから図示サイズを減じたもの［図 12.1］. 下の許容差は，穴を記号 *EI*，軸を記号 *ei* で示す［図 12.5］.

　⑦**許容限界サイズ** limits of size：　軸や穴を測定することによって得られるあてはめサイズがその間に存在するように定めた最大・最小の極限の寸法（上の許容サイズ・下の許容サイズ）.

　⑧**すきま** clearance：　軸の寸法が穴の寸法より小さい場合の寸法差［図 12.2］.

　⑨**しめしろ** interference：　穴の寸法が軸の寸法より小さい場合の寸法差［図 12.2］.

　⑩**最大・最小すきま，最大・最小しめしろ**：　2 つの部品の組合せにより，すきま，しめしろが最も大きくなる場合の値および最も小さくなる場合の値［図 12.3］.

⑪**はめあい**： 軸と穴が互いの間に適当なすきまやしめしろをもってはまりあう関係．軸と穴のはまり具合は，しめしろがあるときつくなり，すきまがあるとゆるくなる．

⑫**すきまばめ**： 穴と軸との間のすきまが正または零，すなわち穴と軸との間にしめしろができないはめあい［図 12.4（a）］．

⑬**しまりばめ**： 穴と軸との間のしめしろが正または零，すなわち穴と軸との間にすきまができないはめあい［図 12.4（b）］．

⑭**中間ばめ**： 穴と軸はそれぞれ許容限界サイズ内に仕上げられているが，組合せによりすきまができたり，しめしろができたりするはめあい［図 12.4（c）］．

12.1.3 基本サイズ公差等級とサイズ許容区間

サイズ公差値が同じであっても，部品の大きさすなわち図示サイズの大きさによって，部品の精密さの度合いは異なる．基本サイズ公差は精密さの程度を表すもので，International Tolerance を表す IT を記号として用い，図示サイズの区分ごとに IT01〜18 までの 20 段階（図示サイズが 500 mm 以下の場合．はめあわされる部分には主に IT5〜IT10 が適用される）に定められている［**表 12.1**］．具体的に図示サイズに基本サイズ公差等級を適用してサイズ許容区間を設定する場合，図示サイズに近い方の許容限界サイズを基に，サイズ許容区間を表す許容差の種類と記号が定められている［**図 12.5**］．

表 12.1 図示サイズに対する基本サイズ公差等級の数値（抜粋）*

図示サイズ mm		基本サイズ公差等級						
		IT4	IT5	IT6	IT7	IT8	IT9	IT10
を超え	以下	基本サイズ公差値 μm						
—	3	3	4	6	10	14	25	40
3	6	4	5	8	12	18	30	48
6	10	4	6	9	15	22	36	58
10	18	5	8	11	18	27	43	70
18	30	6	9	13	21	33	52	84
30	50	7	11	16	25	39	62	100
50	80	8	13	19	30	46	74	120
80	120	10	15	22	35	54	87	140
120	180	12	18	25	40	63	100	160
180	250	14	20	29	46	72	115	185
250	315	16	23	32	52	81	130	210
315	400	18	25	36	57	89	140	230
400	500	20	27	40	63	97	155	250

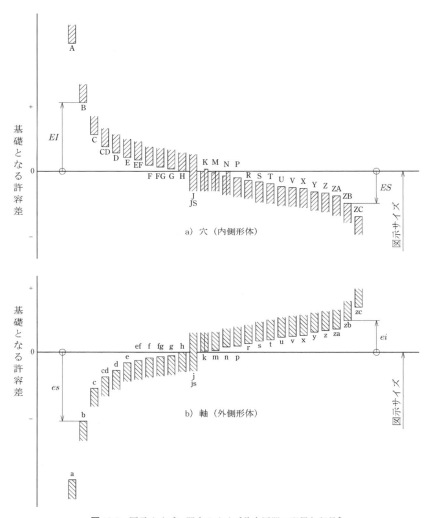

図 12.5　図示サイズに関するサイズ許容区間の配置と記号[*]

　サイズ許容区間は，穴などの内側形体については大文字 A〜ZC，軸などの外側形体については小文字 a〜zc で表す．H 穴では上の許容差，h 軸では下の許容差がそれぞれ 0，また JS 穴と js 軸では上と下の許容差が同じである．

　軸や穴の種類・等級は，このサイズ許容区間と基本サイズ公差等級を組み合わせた**公差クラス**を用いて，次の例のように表示する．

例：穴の場合 ϕ45H7（ϕ45：図示サイズ，H：サイズ許容区間（穴の種類），7：等級）

軸の場合 ϕ45g6（ϕ45：図示サイズ，g：サイズ許容区間（軸の種類），6：等級）

12.1.4 ISO はめあい方式

はめあいを決める方式には，サイズ公差のための ISO コード方式によって公差付けられた 1 つの種類の穴にいろいろな種類の軸を組み合わせ，すきまやしめしろの異なる種々のはめあいを得る**穴基準はめあい方式** hole-basis fit system［**図12.6**］と，1 つの種類の軸にいろいろな種類の穴を組み合わせる**軸基準はめあい方式**の 2 種類がある．

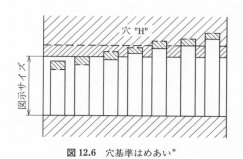

図 12.6 穴基準はめあい[*]

軸は，外側から加工するためよい精度で加工しやすく，また寸法測定も容易なため，一般には穴基準はめあい方式が用いられる．

12.1.5 多く用いられるはめあい

軸と穴のサイズ許容区間には，しめしろやすきまが同じ程度となる組合せが複数あるので，通常使用する組合せが，多く用いられるはめあいとして定められている．

多く用いられる穴基準はめあいでは，下の許容差が零である H 穴を**基準穴**とし，これに対して適当な軸の種類を選んで，必要なすきまやしめしろを得る．**表12.2** は多く用いられる穴基準はめあいにおける穴・軸の種類と等級，その組合せ，**図12.7** は，軸の図示サイズ 30 mm の場合で多く用いられる穴基準はめあいの例である．JIS B 0401-2 : 2016 には，穴および軸の許容差が表で示されている．なお，実際の設計は，これらのうちの数種類で十分に行えるといわれている．

表 12.2 多く用いられる穴基準はめあい*

基準穴	軸の公差クラス													
	すきまばめ							中間ばめ			しまりばめ			
H6						g5	h5	js5	k5	m5				
					f6	g6	h6	js6	k6	m6	n6*	p6*		
H7					f6	g6	h6	js6	k6	m6	n6	p6*	r6*	s6
				e7	f7		h7	js7						
H8					f7		h7							
				e8	f8		h8							
			d9	e9										
H9			d8	e8			h8							
		c9	d9	e9			h9							
H10	b9	c9	d9											

注*：これらのはめあいは，寸法の区分によっては例外を生じる．

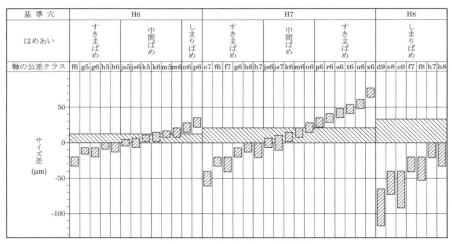

図 12.7 $\phi 30$ の軸の穴基準はめあい*

12.1.6 長さ寸法の許容限界記入法（JIS Z 8318 : 2013）

(1) 数値によって寸法の許容限界を指示する場合

図 12.8（a）の例に従い，図示サイズの後に，上の許容差を上段に，下の許容差を下段に記入する．上下の許容差が等しい場合には，図（b）のように数値に ±

を付して示す．なお許容限界サイズによる場合は，図 12.8（d）のように上の許容サイズを上段に，下の許容寸法を下段に書く．

上または下の許容限界サイズのいずれか一方だけ指定するときには，**図 12.9** に示すように，寸法数値の後に，"max." あるいは "min." と記入する．

(2)　寸法の許容限界を公差クラスによって指示する場合

図 12.10（a）に示すように，図示サイズの後に寸法数字と同じ大きさで公差クラスを記入する．これに加えて，許容差または許容限界サイズを括弧の中に付記してもよい［図 12.10（b），(c)］．

(3)　組立てた状態での寸法の許容限界の記入法

図 12.11 の方法により記入する．穴の寸法は軸の寸法の上側に書く．

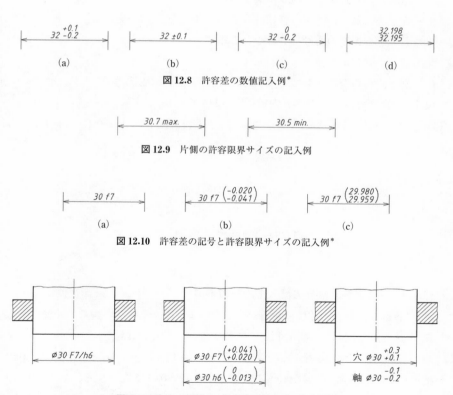

図 **12.8**　許容差の数値記入例*

図 **12.9**　片側の許容限界サイズの記入例

図 **12.10**　許容差の記号と許容限界サイズの記入例*

図**12.11**　組立て状態での許容限界サイズの記入例*

表 12.3 普通公差の一例[*]
(面取り部分を除く長さ寸法に対する許容差   JIS B 0405：1991)

寸法の区分		中級　m
0.5 以上	6 以下	± 0.1
6 を超え	30 以下	± 0.2
30 を超え	120 以下	± 0.3
120 を超え	400 以下	± 0.5
400 を超え	1000 以下	± 0.8
1000 を超え	2000 以下	± 1.2
2000 を超え	4000 以下	± 2.0

(4)　寸法の許容限界を直接に記入しない場合

機能上特別な精度が要求されないものには，許容限界サイズを個々には記入しないで，次のいずれかを一括して図面内に示して指定すればよい．

①　各寸法の区分に対する普通許容差の数値表を示す［**表 12.3**］.

②　引用する規格の番号，等級などを示す．

③　特定の許容差の値を示す．

　　例：許容差を指定していない寸法の許容差は ± 0.2 とする．

12.1.7　角度寸法の許容限界の指示法（JIS Z 8318：2013）

図 12.8，12.9 に示した記入方法を適用し，**図 12.12** に示すように，許容差にも必ず単位を付ける．

図 12.12　角度の許容限界の記入例[*]

12.1.8　寸法の許容限界の記入上の一般事項

（1）　各部に許される寸法に矛盾が生じないように，重要度の少ない寸法は記入しないか，括弧を付けて参考寸法とするのがよい［**図 12.13**］.

（2）　複数の形体が関連する場合は，例えば図 12.13（a），（b）で寸法 15 ± 0.01 を指定したいときは，必要な形体に直接，寸法 15 ± 0.01 を記入する．図 12.13（c）のように他の形体に間接的に記入すると寸法 15 mm 部の公差が厳しくなる．また，

多くの形体が関連する場合，公差値が単純な加減算では適切に求まらないことも
ある．**図 12.14** は，必要な形体に直接サイズ公差を指示した例である．

（3）　**図 12.15** に示すように，並列に記入する個々のサイズ公差は，他の寸法の
公差に影響を与えない．この場合，共通側の寸法補助線の位置は，機能・加工な
どの条件を考慮して適切に選ばなければならない．

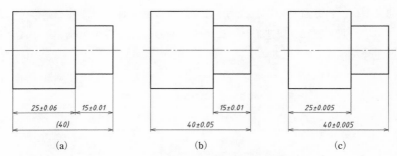

図 **12.13**　寸法の許容限界と参考寸法の記入例*

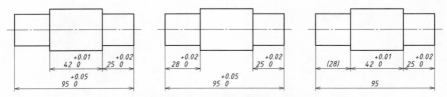

図 **12.14**　寸法の許容限界の直接記入例*

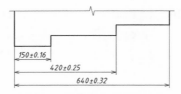

図 **12.15**　寸法の許容限界の並列記入例*

12.2　形状や位置の精度の図示法（JIS B 0021：1998）

サイズ公差は，原則として測定する2点間の直線寸法値だけを規制している．
機械の高性能化に加え，生産のグローバル化に伴い，部品にはその機能や互換性
の上で，各部の形状や位置などの精度の指定が要求される．形状・位置などの幾
何特性に関する公差を**幾何公差** geometrical tolerance といい，正確な形状や位置
から狂っても許容される領域（**幾何公差域** geometrical tolerance zone）を記号と
数値で指示する．

12.2.1　幾何公差の種類

幾何公差は，自分自身の形状に関するもの（単独形体）と，他を基準とした形
状や姿勢・位置・振れ（関連形体）に関するものとに分類される．**表12.4** にその
種類と記号を示す．

表12.4　幾何公差の種類とその記号（抜粋）*

公差の種類	特　性	記　号	データム指示
形状公差	真直度	—	否
	平面度	▱	否
	円筒度	⌀	否
姿勢公差	平行度	//	要
	直角度	⊥	要
	傾斜度	∠	要
位置公差	位置度	⊕	要・否
振れ公差	円周振れ	↗	要

12.2.2　幾何公差および幾何学的基準の図示方法

幾何公差を指示するには，**図12.16** のように公差記入枠の中に，公差の種類を
表す記号，公差値および正確な幾何学的基準（**データム** datum）を示す英大文字
の順に記入し，先端に矢を付けた細線の指示線で，対象となる点・線・面（**形体**
feature）に結んで図示する．一般に，この矢の方向に公差域があり，φが付記さ
れている場合は円・円筒の内部が公差域となる［**図12.17** 参照］．複数のデータ

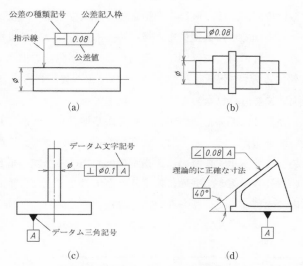

図 12.16 幾何公差の記入枠，公差の指示法*

ムが必要な場合は，優先順位が高い順に左から区画を設けて記入する［図 12.17「6. 位置度公差（線）」］.

　形体の表面に公差を指定する場合には，外形線または寸法補助線に矢をあてて示す［図 12.16（a）］. このとき，指示線の位置は寸法線とは明確にずらす. 形体の表面から決定される軸線，中心平面に公差を指定する場合は，寸法線の延長線上が指示線になるように合わせる［図 12.16（b），（c）］.

12.2.3　基準となる位置・角度の図示方法

　位置や角度の公差を指定するには，その基準となる寸法（**理論的に正確な寸法**）が必要である. これらの寸法は，寸法許容差を与えず，図 12.16（d）に示すように，四角い枠で囲んで示す.

12.2.4　幾何公差の図示例と意味

　図 12.17 に代表的な幾何公差の指示例と公差域の意味を簡単に示す. これらのうち，単独形体から「1. 真直度公差」，参照形体から「4. 直角度公差」を例にとり，以下に指示方法と公差値の意味を説明する.

　「1. 真直度公差」は，直線形体の幾何学的に正しい直線からのずれの許容範囲を指定する. この例では，表面の中央として決定される軸線に幾何公差を与える

ために，指示線は表面間距離（直径）を指定する寸法線を指す．公差値にφを付記することで，この軸線が，公差値を直径とする円筒内になくてはならないことを指定している．これに対して，図12.16（a）は，幾何公差の指示線が円柱表面を指し，公差値にφの付記がないので，円柱の母線が矢印の方向に0.08 mm離れた平行2平面間になければならないことの指定である．

「4. 直角度公差」は，部品上部の円柱の軸線が基準とする底面に対して，どれだけ垂直に近いかを指定している．「1. 真直度公差」と同様に，円柱部の軸線を幾何公差の対象として指示するために，指示線は直径の寸法線の延長線上に合わせている．この円柱の軸線が，底面に接する平面に対して正確に垂直で，公差値を直径とする円筒内になくてはならないことを指定している．

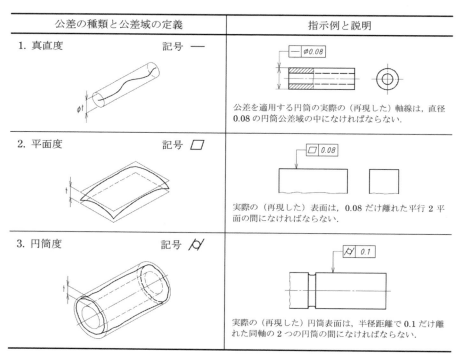

図12.17（その1）　各種幾何公差とその図示法の例（単独形体）*

公差の種類と公差域の定義	指示例と説明
4. 直角度公差　　　　　記号 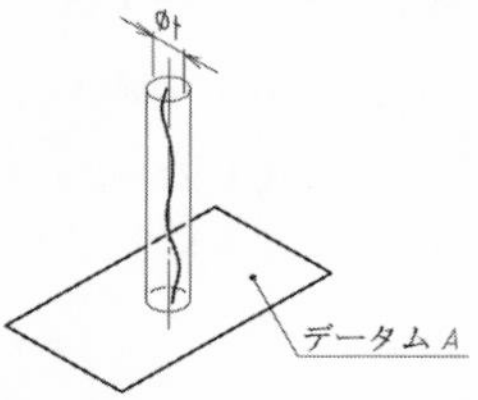 ⊥	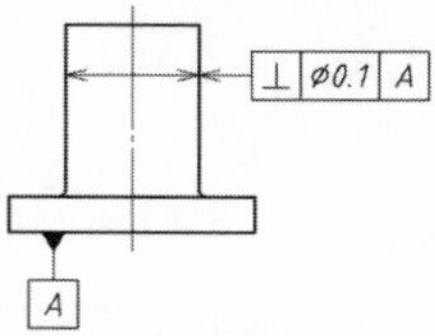 円筒の実際の（再現した）軸線は，データム平面 *A* に直角な直径 0.1 の円筒公差域の中になければならない．
5. 平行度公差（面）　　記号 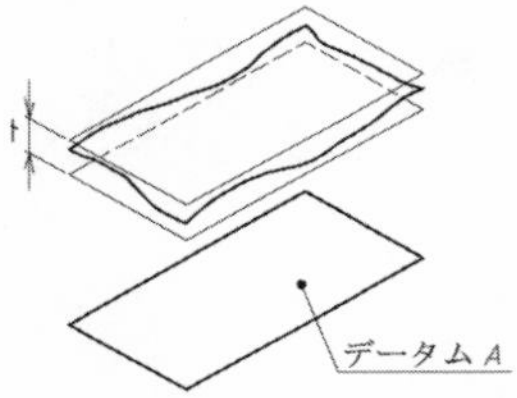 //	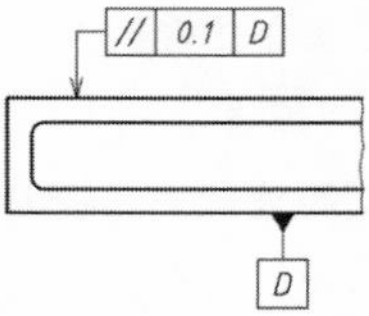 実際の（再現した）表面は，0.01 だけ離れ，データム平面 *D* に平行な平行二平面の間になければならない．
6. 位置度公差（線）　　記号 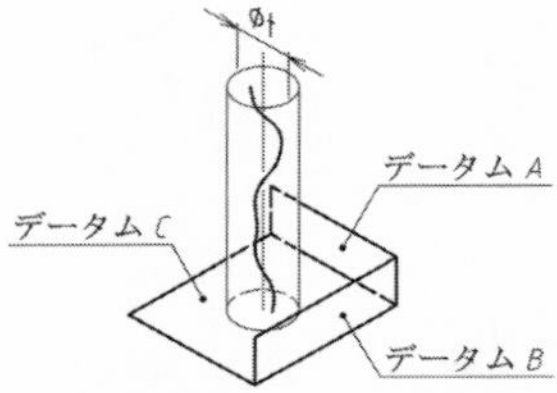 ⊕	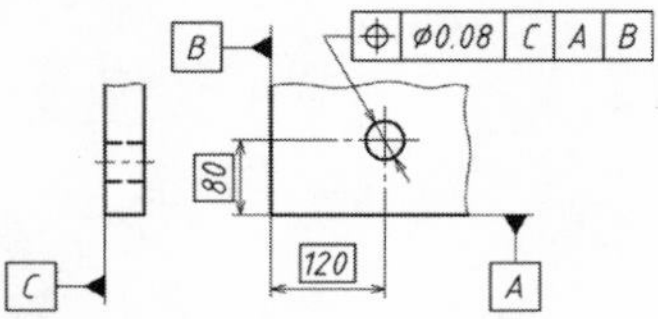 実際の（再現した）軸線は，その穴の軸線がデータム平面 *C*, *A* および *B* に関して理論的に正確な位置にある直径 0.08 の円筒公差域の中になければならない．
7. 円周振れ公差　　　　記号 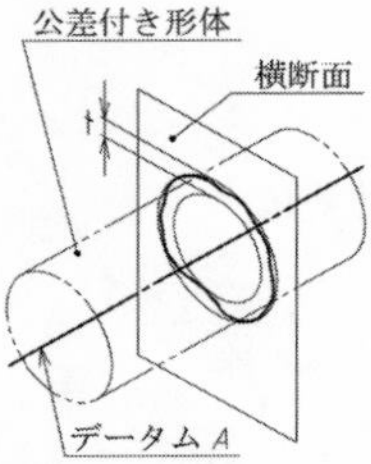 ↗	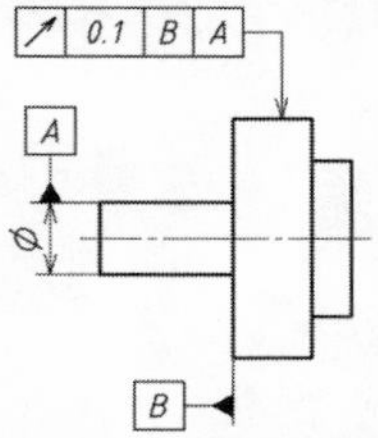 回転方向の実際の（再現した）円周振れは，データム軸直線 *A* のまわりを，そしてデータム平面 *B* に同時に接触させて回転する間に，任意の横断面において 0.1 以下でなければならない．

図 12.17（その 2）　各種幾何公差とその図示法の例（関連形体）*

12.3　表面性状の指示法（JIS B 0031：2003）

　機械部品の表面は，他の部品と接触しない・固定される・相対運動を行うなどの機能に応じて，粗くてよい，滑らかにする必要があるなど，仕上げの程度への要求が異なる．表面についての情報が**表面性状** surface texture であり，主に表面の粗さと加工による筋目の形状で定まる．図面では，数量化した表面の粗さや加工方法などで表面状態を指定する．

12.3.1　仕上げ面の表面粗さとうねり

　加工物を表面に垂直に切断して断面を拡大する［**図 12.18**（a）］と，その輪郭は大小・長短さまざまな凹凸からなっている［図 12.18（b）］．部品表面の**除去加工**（機械加工などによる仕上げ）の際，刃物の角部や砥石の粒で作られた微小な凹凸を**粗さ**，工作機械や刃物のたわみなどにより生じる，粗さに比べて大きい波長をもつ表面の起伏をうねりという．

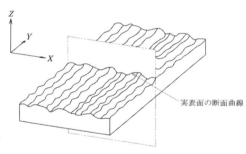

（a）実表面と断面曲線*

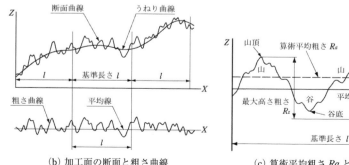

（b）加工面の断面と粗さ曲線　　　　（c）算術平均粗さ Ra と最大高さ粗さ Rz

図 12.18　表面粗さとうねり

12.3.2 表面粗さの定義（JIS B 0601:2013）

表面粗さの数値は，表面の機能に対応して，複数の方法が規定されている．

算術平均粗さ arithmetical mean deviation of the profile はよく用いられるもののひとつで，Ra と指示される．まず断面曲線からある一定の波長（**粗さ曲線のカットオフ値** cut-off wavelength）λ_c より大きい表面うねりを除いて，図 12.18（b）下段の**粗さ曲線** roughness profile を得る．ついで平均線方向を X 軸，縦方向を Z 軸とし表面起伏形状を $Z(x)$ とするとき，表面起伏形状の中心線からのずれの絶対値の平均 Ra を，次の式で求め μm 単位で表す［図 12.17（c）］．

$$Ra = \frac{1}{l}\int_0^l |Z(x)|\,dx \qquad (l：基準長さ)$$

なお，基準長さは粗さ曲線を求めた際のカットオフ値 λ_c に等しくとる．

他によく用いられる**最大高さ粗さ** maximum height of the profile は，粗さ曲線の基準長さ範囲における山高さの最大値と谷深さの最大値との和［図12.17（c）］で，Rz と指示される．漏れ止め（シール）など，平均表面からの凹凸の大きさが機能に直接影響を与える対象において使用される．

12.3.3 表面性状の指示事項と表示方法

対象面（対象物の表面）を指示する記号は，60°に開いた長さの異なる折れ線を用い，対象面を表す線に外側から接して書く［**図 12.19**］．

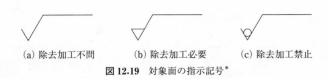

(a) 除去加工不問　　　　(b) 除去加工必要　　　　(c) 除去加工禁止

図 12.19　対象面の指示記号*

この指示記号に，除去加工の要否，表面粗さなどの指示事項を付加する．**図 12.20** は，表面性状に関する主要な指示事項の記入位置を示したものである．表面粗さの指示値は，粗さの種類に応じて標準数列より選び，単位記号 μm は省略する．**表 12.5** に標準数列の優先的に用いる値を示す．なお，読み誤りを防ぐために，粗さの種類と粗さ値との間は半角2字分を空ける．除去加工を要する場合は，面の指示記号の短い方の脚の端部に横線を付加し，加工方法などを指定する場合は，面の指示記号の長い方の脚に横線を付加して，その上に加工方法を，指

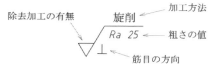

図 12.20　表面性状の要求事項の指示例

表 12.5　粗さの標準数列の優先的に用いる値

(a) 算術平均粗さ *Ra*

			(単位 μm)
0.012	0.20	3.2	50
0.025	0.40	6.3	100
0.050	0.80	12.5	200
0.100	1.60	25	400

(b) 最大高さ粗さ *Rz*

				(単位 μm)
0.025	0.40	6.3	100	1600
0.050	0.80	12.5	200	
0.100	1.60	25	400	
0.20	3.2	50	800	

表 12.6　筋目方向の記号例*

記　号	説明図および解釈	
＝	筋目の方向が，記号を指示した図の投影面に平行 　**例**　形削り面，旋削面，研削面	筋目の方向
⊥	筋目の方向が，記号を指示した図の投影面に直角 　**例**　形削り面，旋削面，研削面	筋目の方向
M	筋目の方向が，多方向に交差 　**例**　正面フライス削り面，エンドミル削り面	

示記号の横に筋目の方向を記入する［**図** 12.20，**表 12.6**］.

12.3.4　表面性状の図面記入法

　指示記号は**図 12.21** に示すように，対象面を表す線，その延長線や寸法補助線，対象面からの引出線に垂直に接して，実体の外側に図の下側または右側から読め

るように記入する．外形線を直接指示する以外にも，外形に相当する寸法補助線
や形体を指定する寸法線に指示することもできる［**図 12.22**］．

　部品の全面を同一の肌に指定する場合は，共通する表面性状の記号を主投影図
の傍らに記入するか，部品番号・表題欄の傍らに記入する．

　部品の面の大部分が同一の肌で，一部分が異なっている場合は，異なっている

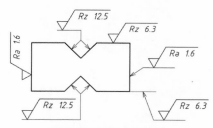

図 12.21　指示記号の向き*

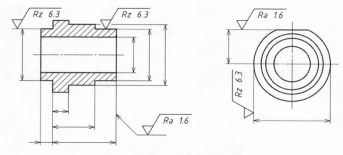

（a）寸法補助線を利用した指示

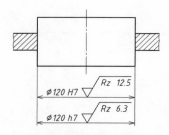

（b）寸法線を利用した指示

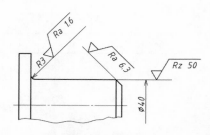

（c）丸み部および面取り部への指示

図 12.22　外形線以外への指示法*

部分のみ該当する面に必要な記号を記入し，共通する表面性状の記号の後に，括弧を付けて面の指示記号を記入する［**図 12.23**］.

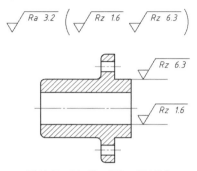

図 12.23　面の肌の記入の簡略法*

12.A　補足的学習事項

仕上げ記号

　表面粗さを**数値**で指定する現在の方法が定められる以前は，**表 12.7** に示す▽の数や～で仕上げの程度を表す仕上げ記号の使用が一般的であった．この指示方法では，表面粗さの区分が現在の規格よりも少なく，仕上げの丁寧さが直感的にわかりやすい．現在および今後作成する図面では用いないが，仕上げ記号を用いた既存の図面を参照する場合，表 12.7 により仕上げ記号に対応する表面粗さの程度を検討するとよい.

表 12.7　表面粗さと仕上げ記号

仕上げ記号	三角				波
	▽▽▽▽	▽▽▽	▽▽	▽	～
Ra の標準数列	0.2	1.6	6.3	25	特に規定しない

13. スケッチ

　製図におけるスケッチは，絵画用語のスケッチや，3次元 CAD 用語のスケッチとは異なり，図面がない部品の図面を寸法を測りながらフリーハンドで描くことをいう．フリーハンドによって図面を描く技能は，構想設計のときにも大いに役立つ．アイデアは，CAD や定規やコンパスで線を引く作業中に浮かぶものではなく，フリーハンドで図を描くことによりひらめいてくるものである．

　本章では，まずスケッチの基本を学び，ついで例を通してスケッチの方法を学ぶことにする．

13.1　スケッチの目的

　スケッチ sketch とは，すでに存在する部品の図面をフリーハンドで描くことである．このスケッチ作業では，まず部品の形状をフリーハンドで描き，ついで加工に必要な寸法を記入するための寸法線を描く．その後，寸法を測定しながらつぎつぎに寸法数値を記入する．スケッチした図面を基に CAD などで製作図を作成するので，寸法の記入漏れやその他不明瞭な点がないように十分注意してスケッチを行うことが大切である．

　スケッチは，つぎの場合などに必要である．

①古い機械などで図面がないが，まったく同じものを製作するとき

②図面がない機械の，摩耗や破損した部品を作り直すとき

③新しい製品を開発するにあたり，同種の機械を参考にするとき

④構造・機能・精度・加工法・材質などの検討を，設計や研究開発で行うとき

13.2　スケッチに必要な用具・測定器

スケッチでは，以下の作図用具や測定器を使用する．

(1)　作図用具

①シャープペンシルまたは鉛筆（芯は，2B，B などの柔らかいものがよい）

②青鉛筆（寸法補助線と寸法線の記入に使用する）

③赤鉛筆（寸法数値の記入に使用する）

④消しゴム（線や寸法数字，記号などの修正に用いる）

⑤用紙（方眼紙を用いた方が容易にスケッチできるが，白紙に練習することも必要である）

⑥下敷き（用紙を挟むバインダーがあれば便利である）

(2)　測定器　[図 13.1]

以下に示す測定器が，スケッチで通常用いられる．

①金属製直尺（長さ寸法を測る金属製の定規である．精度は 1mm 程度）

②ノギス（寸法測定に用いる．精度は 0.05 mm 程度．穴の深さ測定もできる）

③デプスゲージ（深さ測定専用で，ノギスより安定して深さを測定できる）

④マイクロメータ（ノギスよりも測定精度が高い．精度は 0.01 mm 程度．外側マイクロメータ，内側マイクロメータなどがある）

⑤アールゲージ（角部や隅部のアール寸法を測る）

⑥ピッチゲージ（ねじのピッチを測る）

⑦分度器（角度を測る）

⑧直角定規（スクエアと呼ばれる．直角を測るより，むしろ金属製直尺で長さ寸法を測定する補助として使用することが多い）

⑨比較用表面粗さ標準片（加工法や表面の形状によって，さまざまなものがある）

その他に，特定の目的で用いられる測定器として，⑩すきまゲージ（狭いすきまに差し込んですきまの大きさを測る），⑪ワイヤゲージ（針金の径や板の厚さを測る），⑫パス（外パス，内パス，片パスの3種類がある）などがある．

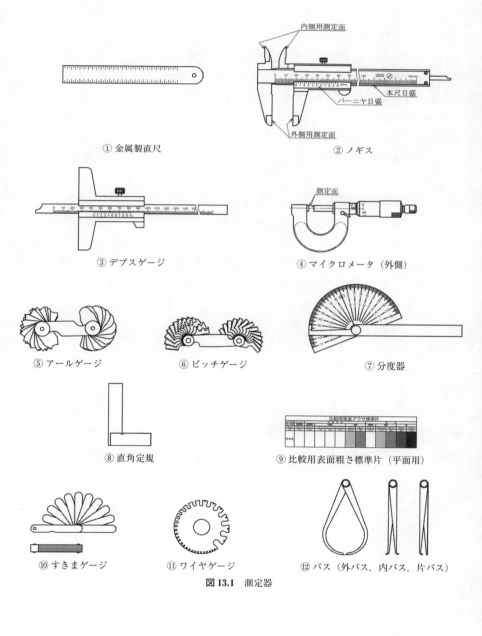

① 金属製直尺

② ノギス

③ デプスゲージ

④ マイクロメータ（外側）

⑤ アールゲージ

⑥ ピッチゲージ

⑦ 分度器

⑧ 直角定規

⑨ 比較用表面粗さ標準片（平面用）

⑩ すきまゲージ

⑪ ワイヤゲージ

⑫ パス（外パス，内パス，片パス）

図 13.1 測定器

(3) 工具類その他

①分解組立工具類（スパナ，ペンチ，プライヤ，めがねレンチ，モンキレンチ，ハンマ，ねじ回し，けがき針など）

②荷札（分解した部品につけて整理する．針金付きでミシン目入のものがよい）

③光明丹（平面の型をとる場合に塗る赤い塗料）

④ウエス（ボロ切れ），油など

以上の用具があれば，ほとんどのもののスケッチが可能である．なお，簡単なスケッチであれば，ノギスと紙とシャープペンシルさえあればできる．

13.3 作図の基本練習

スケッチは，シャープペンシルと紙という簡単な道具さえあればどこでもいつでもできるが，短時間のあいだに限られたスケッチ用具で，確実・正確・詳細に行うためには，よく訓練された目と手が必要である．そのためには，直線，平行線，垂線，角度，円，円弧，曲線などを描く手を訓練しなければならない．

シャープペンシルは，不要な紙で研いで芯先が円錐形となるようにとがらせる．スケッチは1mm方眼紙を用いると容易に描けるが，白紙に描く練習をすることも必要である．現場でスケッチする場合など机が使えないときは，下敷き（バインダーなど）を用いるとよい．

直線を描く場合，短い横線は指と手首を左から右に動かして引く．長い横線は指と手首だけで引くと曲がりやすいので腕も同時に動かして引く．縦線の場合も同様に，短い縦線は指と手首を上から下に動かして引き，長い縦線は腕も同時に動かして引く．なお，縦線よりも横線が引きやすいので，用紙の向きを変えて，線はできるだけ水平に引くようにするとよい．

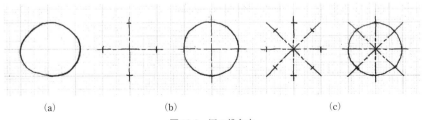

(a)   (b)   (c)

図 13.2 円の描き方

　円を描く場合は，無造作に描けば**図 13.2**（a）のようにゆがんだ楕円になりやすい．図 13.2（b），（c）に示すように，中心線を引き，あらかじめ数点おおよその半径距離をとってから描けば，かなり正確な円が描ける．

13.4　形状のスケッチ

　形状をスケッチする場合，通常フリーハンドで作図するが，可能な場合は光明丹で型を転写するプリント法や，シャープペンシルなどで輪郭をなぞる型取り法などを利用すると効率的である．

（1）　フリーハンド作図［図 13.3（b）参照］

　形状が現物と相似となるように，寸法に注意しながら慎重に描く．尺度は可能であれば 1：1 とするのが望ましい．

（2）　プリント法［図 13.5（b）参照］

　光明丹や油を部品の平面部に薄くまんべんなく塗り，紙を押し当てて形を写しとる．この方法は簡単で，しかも正確にスケッチできるので，平面部のスケッチには積極的に利用するとよい．なお，プリントしたものは図が左右逆になるので注意が必要である．

（3）　型取り法

　紙の上に部品を置き，シャープペンシルなどで直接輪郭をなぞる．この方法も簡単で効率的なので，有効に利用するとよい．この場合も図が左右逆になるので注意する．

13.5　スケッチの順序

●第一段階

　①対象物をよく観察し，形状・構造・性能などについて十分に理解する．

　②どの方向から見た形を組立図における正面図とするかを決め，対象物をよく見ながら，できるだけ実物のサイズに合わせて組立図を描く．

　③必要と考えられるすべての箇所に，寸法補助線と寸法線を描く．黒色で描いた外形線などと区別するために，青鉛筆を使うとよい．なお，一般には寸法の重複記入は避けるべきであるが，スケッチにおいては寸法の測定漏れを防ぐために，重複してもよいので，寸法は多すぎるくらいに記入する．重要寸法の測定・記入漏れには特に注意したい．

④測定器［図 13.1］を用いて，つぎつぎに寸法を測定して組立図に記入する．寸法数値は見やすいように赤鉛筆で記入する．

● 第二段階

⑤分解組立用具を用いて対象物を分解し，部品を一つずつ取り外す．取り外した部品には，ミシン目の上下に同じ番号を書いた荷札を付ける．さらに，組立図の部品欄に部品番号と部品名を記入し，組立図には照合番号を記入しておく．なお，スケッチの場合，部品表を別紙としてもよい．

⑥すべての部品の分解と部品表への記入が終わったら，分解した部品の荷札の番号と，組立図，部品表への記入内容に誤りがないかよく確かめる．

● 第三段階

⑦部品を一つずつ順番にスケッチする．まず部品をよく観察し，正面図の取り方を決め，スケッチしやすい順序や方法を考える．例えば平面部が多い部品の場合は，平面部のプリントまたは型取りからスケッチを始めればよい．

⑧図形が完成した後，組立図と同じ要領で，まず青鉛筆で寸法補助線と寸法線をすべて記入した後に寸法を測定し，赤鉛筆で寸法を記入する．なお，穴径のようにプリント部から測ることができる寸法もある．

⑨角部の面取り寸法や，隅部のアール寸法は，アールゲージなどを使って測ると正確であるが，通常は正確な寸法を要しないことが多いので，目分量で推定した寸法を記入しておけばよい．ただし，他の物体と接する箇所については注意が必要で，できるだけ正確に寸法を測定し，製図のときに検討することを忘れてはならない．

⑩比較用表面粗さ標準片と部品の表面を，指の感覚で比較しながら調べ，表面性状の記号を記入する．摩耗した部品の場合は厳密な測定は困難であるので，部品の性能・使用場所などを考えて適切な値を記入する．

⑪寸法公差は，対象物の機能をよく考えて，実際に穴と軸を組み合わせながら測定・推測し，公差域クラスを図面に記入する．特に摩耗した箇所については，相当するはめあいを推定し，定めなければならない．なお，すべての部品について，現場で寸法公差まで測定・推測することは無理なので，現場での測定は重要な部品に止めてもよい．

⑫材料の種類は，観察して予測するか，硬さ試験などで調べる．

●第四段階

　⑬部品のスケッチが終われば，その部品の荷札の半分をミシン目から切り取り，スケッチしていない部品と区別する．

　⑭すべての部品のスケッチが終われば，各部をウエスでよく拭き取り，元通りに組み立てる．組立ては，部品番号を確認しながら慎重に行う．

13.6　スケッチの実例

　以下に例を二つあげて，測定法，記入法，表し方について述べる．

（1）　スペーサピンのスケッチ

　図 13.3（a）に示したスペーサピンをスケッチした例を，図 13.3（b）に示す．このような部品の場合は，基準となる位置をよく考えて寸法を記入することが望ましい．スケッチ図に記入する寸法は，測定器で読んだ数値をそのまま記入しておき，製作図を描く場合に，寸法の取り合いに不都合が生じないよう適切に丸める．また，寸法は重複してもよいので，多すぎるくらいに測定・記入し，寸法の記入漏れを防ぐ．

(a)

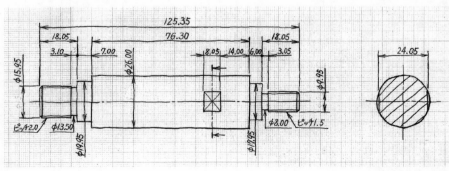

(b)

図 13.3　スペーサピンのスケッチ図

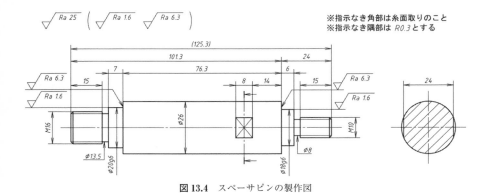

図 13.4 スペーサピンの製作図

　ねじ部はピッチゲージで測定すれば間違いないが，ピッチゲージがないとき
は，外径とピッチをノギスで測定し，メートルねじの規格表を用いてねじの種類
を決定する．メートルねじの規格表に見あたらないときは，1インチ（25.4 mm）
当たりの山数を測定して，ユニファイねじの規格表を調べるとよい．

　寸法公差や表面性状は，部品の性能・使用場所などをよく考えながらできるだ
け記入する．細かい数値を現場で決定することが困難なときは，のちに製作図を
製図するときに決めればよい．**図 13.4** は，図 13.3（b）のスケッチ図を基にし
て，寸法公差や表面性状および基準位置などを検討しながら作成した製作図であ
る．

(2)　シャフトホルダのスケッチ

　図 13.5（a）のような部品の場合は，右側面図の外形から描き始めればよい．
外形は，プリント法か型取り法を用いれば正確に描くことができるが，このよう
に単純な部品の場合は，フリーハンドで描いても十分である．

　図 13.5（c）は，プリント法を用いて描いたスケッチ図の例である．プリント
作業は，図 13.5（b）のように光明丹を塗った部品の面を紙に押し当てておこな
う．部品が大きい場合は，紙の方を部品に押し当てて形を写しとる．

　穴の中心間距離は直接測れないので，**図 13.6**（a）に示したように，a 寸法と
b 寸法を測り，c＝(a＋b)/2 として算出する．穴径が同じ場合，穴径は (b−a)/2
として算出できる．異なる穴径をもつ穴の中心間距離は，図 13.6（b）のように
d 寸法と穴径 e，f を測り，g＝d＋(e＋f)/2 として算出する．

　ねじ部がめねじの場合は，ピッチゲージやノギスがねじ穴に入らないため，ピ

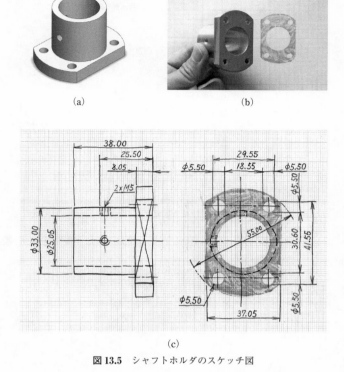

(a)   (b)

(c)

図 13.5 シャフトホルダのスケッチ図

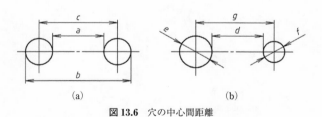

(a)   (b)

図 13.6 穴の中心間距離

ッチの測定が困難である．このような場合は，組み合うおねじを測定する．ま
た，ねじの位置は，おねじを組み合わせた状態で測定するとよい．

　図 13.7 は，スケッチ図（図 13.5（c））をもとに，CAD で製作図を作成した例
である．寸法は，基準位置をよく考えて記入しなおし，現場で測定・推測が困難

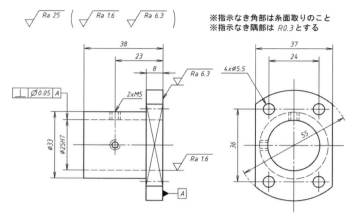

図 13.7　シャフトホルダの製作図

であった寸法公差や幾何公差，表面性状などについては，機能をよく考えて適切
な数値や記号を記入する．

14. 機械要素の製図法

　機械には共通して用いられる部品が数多くあり，一般に規格化され大量生産により，安価で安定した性能が確保されている．これらを機械要素 Machine Elements と呼び，その製図は JIS により規定されている．本章では機械要素の代表例であるねじの製図について説明するとともに，歯車，キー，軸受，溶接の製図法を概説する．
　機械要素は機械設計と密接に関係しているので，機械要素や機械設計の参考書，JIS を参照して製図することが望ましい．

14.1　ね　　じ

14.1.1　ねじの基本

　ねじ screw thread は，突起をらせん状に円柱外面に巻き付けたものを**おねじ**，円筒の内面に巻き付けたものを**めねじ**という．この突起をねじ山といい，**図 14.1** に示すねじ山の断面形状により，ねじは**三角ねじ**，**台形ねじ**，**角ねじ**，**丸ねじ**などに分類される．ねじを時計方向に回転させた場合，前進するねじを**右ねじ**，後退するねじを**左ねじ**という（上記のねじは**平行ねじ**というが，円錐面にねじ山を巻きつけた**テーパねじ**もある）．本書では締結用に最も多く使用される三角ねじの製図について説明する．

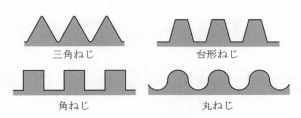

三角ねじ　　　　台形ねじ

角ねじ　　　　丸ねじ

図 14.1　ねじ山の形状

　図 14.2 にねじ各部の名称を示す．おねじにおいて，山の頂の直径が**外径**，谷底の直径が谷の径である．めねじにおいては，山の頂の直径が**内径**，谷底の直径が**谷の径**である．ねじ山が完全に存在する部分を**完全ねじ部**，ねじの終了部でねじ山が完全に存在しない部分を**不完全ねじ部**という．また，ねじ山の間隔を**ピッチ**という．

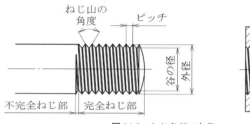

図 14.2　ねじ各部の名称

　三角ねじには，**表 14.1** に示すように**メートルねじ**，**ユニファイねじ**，**管用テーパねじ**，**管用平行ねじ**がある．メートルねじは，図 14.2 に示すねじ山の角度が 60° で，ピッチを mm で表示する．ねじの呼びの表し方は，メートルねじの記号 M に呼び径（おねじの外径またはめねじの谷の径）を mm で表す．

　表 14.2 に示すように，メートルねじには数種のピッチが設定されており，各呼び径のピッチが最大のものを並目ねじ，それよりもピッチが小さいものを細目ねじと呼び，並目ねじでは通常ピッチを表示しない．一方細目ねじは 2 つ以上のピッチが規定されるため，ピッチを明示する必要がある．

表 14.1　ねじの種類と記号およびねじの呼びの表し方

ねじの種類		ねじの記号	ねじの呼びの表し方（例）	ピッチの表示	ねじ山の形状・角度
メートルねじ		M	M8 M8 × 1	ピッチ（mm）	三角形・60°
メートル台形ねじ		Tr	Tr10 × 2		台形・30°
ユニファイねじ		UNC UNF	3/8 - 16 UNC No.8 - 36UNF	1 インチ（25.4mm）当たりのねじ山数	三角形・60°
管用テーパねじ	テーパおねじ	R	R 3/4		三角形・55°
	テーパめねじ	Rc	Rc 1/2		
	平行めねじ	Rp	Rp 3/4		
管用平行ねじ		G	G 1/2		

表 14.2　一般用メートルねじの基準寸法（単位 mm）*

呼び径 D, d	ピッチ P	めねじ	
		谷の径 D	内径 D_1
		おねじ	
		外径 d	谷の径 d_1
4	0.7 0.5	4.000	3.242 3.459
5	0.8 0.5	5.000	4.134 4.459
6	1 0.75	6.000	4.917 5.188
8	1.25 1 0.75	8.000	6.647 6.917 7.188
10	1.5 1.25 1 0.75	10.000	8.376 8.647 8.917 9.188
12	1.75 1.5 1.25 1	12.000	10.106 10.376 10.647 10.917
16	2 1.5 1	16.000	13.835 14.376 14.917
20	2.5 2 1.5 1	20.000	17.294 17.835 18.376 18.917

注）　20 mm より大きい呼び径は省略

　ユニファイねじはねじ山の角度は 60° であるが，ピッチは 1 インチあたりの山数で表示する．以下に最も一般的に用いられるメートルねじの製図法について説明するが，他のねじでも製図法は同じである．

14.1.2　ねじの図示

　ねじ製品は，特別に加工される場合を除き，一般には専門メーカで大量生産された規格品を用いる．ねじの形状を正確に図 14.2 のように図示しても意味がないので，**図 14.3** に示すような図示法が用いられる．

　おねじの場合，外径を太い実線，谷の径を細い実線で表す．めねじの場合は，内径を太い実線，谷の径を細い実線で表す．完全ねじ部と不完全ねじ部の境界は，太い実線を用い，おねじでは外径，めねじでは谷の径まで線を引く．

　不完全ねじ部は基本的に図示しなくてよいが，機能上不完全ねじ部の図示が必

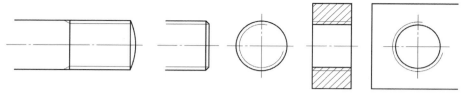

図14.3 ねじの図示法

要な場合は，谷の径を表す線の終わりから，傾斜した細い実線で表す．

ねじを端面から見た図では，おねじの外径およびめねじの内径に太い実線を用い，おねじ・めねじとも谷の径に細い実線を用いる．細い実線で表される谷の径は，円周の3/4円弧とし，4分円を右上方にあけるのが望ましい．また，おねじ先端に面取りがある場合，おねじの面取り円を表す太い実線は端面の図では省略する．

おねじの外径（めねじの内径）とおねじめねじの谷の径を表す線の間のすきまは，ねじ山の基準寸法［表14.2］による規定値とするが，0.7 mm より小さくならないようにする．

ねじを断面図で描く場合は，必ずハッチングを施し，おねじでは外径，めねじでは内径を表す線までハッチングの線を引く．

図14.4 に示すように，組み立てたねじ部を図示する場合は，おねじを優先してめねじ部を隠した状態で図示する．

図14.5 のように，円周上に六角ナットが配置されるときは，平面図では六角形の対角線を中心に向け，正面図はナット側面の3面が，側面図では2面があらわれるように描くとよい．ボルト頭の場合も同様に図示する．

図14.6 に示すように，ねじの図面上の径が6 mm 以下の場合，ねじの簡略指示・簡略図示が許される．寸法を記入するために，引出線をめねじの断面図から引き出す場合は，ねじ穴の中心に矢を当てる．ねじの平面図に寸法を記入する場合は，引出線をねじの中心に向けて描き，谷の径を表す円弧に矢を当て，引出線の端部に水平線を引き，寸法を記入する．

14.1.3　ボルト・ナットの作図法

ボルトやナットなどのねじ部品は通常では規格品を使用するため，その仕様を部品欄に記入し通常製作図は必要ない．ボルト・ナットの作図が必要な場合は，ボルトの呼び径 *d* を基にして**図14.7**のように作図すればよい．ただし，この作

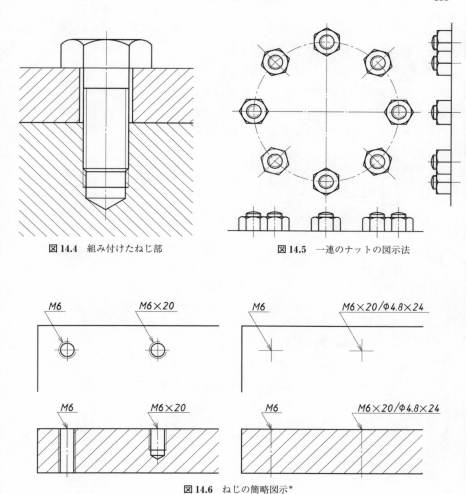

図 14.4　組み付けたねじ部

図 14.5　一連のナットの図示法

図 14.6　ねじの簡略図示*

図 14.7　ボルト・ナットの作図

図によるボルト・ナットは，実物より大きく図示されるので，図面上で他の部品と組み合わせる場合には注意する必要がある．

　図14.8 に**小ねじ・止めねじ**の簡略図例を示す．面取り部などは省略して描いてよい．ねじ頭部の平面図では，**すりわり付き**は中心線に対して45°方向の太い実線，**十字穴付き**は中心線に対して45°傾く直交する2本の太い実線，**六角穴付き**は，互いに60°で交わる3本の太い実線で表す．

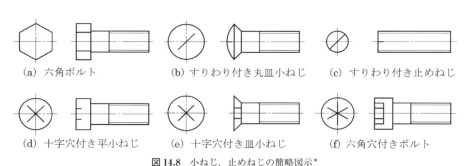

　(a) 六角ボルト　　　　(b) すりわり付き丸皿小ねじ　　(c) すりわり付き止めねじ

　(d) 十字穴付き平小ねじ　　(e) 十字穴付き皿小ねじ　　(f) 六角穴付きボルト

図14.8　小ねじ，止めねじの簡略図示*

14.1.4　ねじの寸法記入

　ねじの呼び径は，おねじでは**図14.9**（a）に示すように，外径に記入する．めねじでは，図14.9（b）のように，谷の径に記入する．また，細目ねじの場合は，図14.9（c）のように，呼び径にピッチをそえて示す．

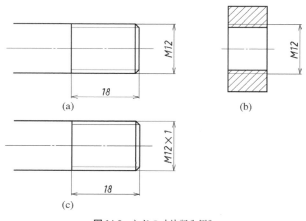

図14.9　ねじの寸法記入例*

　図 **14.10** は，貫通しないめねじの寸法記入例である．ねじ下穴の深さ寸法は省略してもよい．その場合はねじ長さの 1.25 倍程度に下穴深さを描く．また，下穴先端の角度は，120° とする．ねじの呼び径および深さ，下穴径は引出線を用いて記入してもよい．

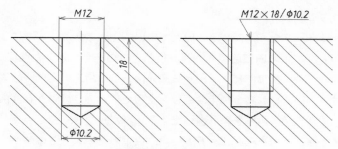

図 14.10　貫通しないめねじの寸法記入例*

　機械製図の場合に参考となるように，基本的な資料として一般用メートルねじの基準寸法，六角ボルトの主要寸法，六角ナットの主要寸法，鉄鋼材料記号の構成を巻末に示しておくので必要に応じて参照されたい．

14.2　歯　　　車

　歯車 gear は回転により大きな動力を確実に伝達し，歯車を組み合わせて回転

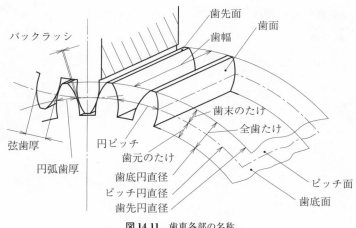

図 14.11　歯車各部の名称

軸の変速が可能な機械要素である．一般に平行二軸間に動力を伝達するために用いる．

図 14.11 に歯車各部の名称を示す．**ピッチ面**は歯を設ける場合に基準となる面で，仮想的に転がり接触をする曲面であり，その形状により**ピッチ円筒**，**ピッチ円すい**という．ピッチ円筒をもとに設ける歯の形状として，**インボリュート歯形**が用いられることが多い．

円ピッチは，隣り合う歯のピッチ円上での円弧距離である．歯厚には，ピッチ円上の弧の長さで示す**円弧歯厚**と，歯厚円弧の弦の長さで示した**弦歯厚**がある．歯の軸方向の長さを**歯幅**，**ピッチ円**から**歯先円**までを**歯末のたけ**，**歯底円**までを**歯元のたけ**といい，これらを加えたものを**全歯たけ**という．隣り合う歯と歯の溝幅からかみあう相手の歯厚を差し引いたすきまを**バックラッシ**という．ピッチ円直径を歯数で除した値を**モジュール**といい，歯車の歯の大きさの基準である．以下に最も基本的な**平歯車**の製図法について説明する．

図 14.12 に示す平歯車を断面で示す主投影図において，歯先は太い実線，ピッチ円は細い一点鎖線，歯底は太い実線で表す．側面図では歯先円を太い実線，ピッチ円を細い一点鎖線，歯底円を細い実線で表し，歯の形状は省略する．

かみあう一対の歯車の図示法を**図 14.13** に示す．断面で示す主投影図では，かみあい部の一方の歯先を太い実線で示し，他方を破線で図示する．

歯車は専用歯切装置で加工されるので，歯車の部品図では省略図を用い，**表14.3** の要目表を併用する．この表では，歯車歯形やモジュール，歯数，基準ピッチ円直径など歯切り・組立て・検査に必要な事項を記入する．

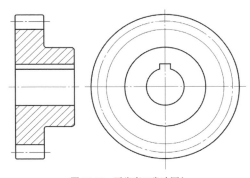

図 14.12　平歯車の省略図*

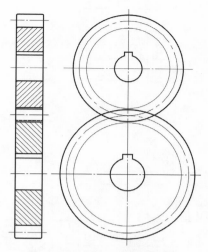

図 14.13 かみあう平歯車の省略図*

表 14.3 平歯車の要目表の例

（単位 mm）

平歯車						
歯車歯形		標準	仕上方法		ホブ切り	
基準ラック	歯形	並歯	精度		JIS B 1702 5 級	
	モジュール	4		相手歯車転位量		0
	圧力角	20°		相手歯車歯数		25
歯数		20		中心距離		90
基準ピッチ円直径		80	備考	バックラッシ		0.14〜0.62
全歯たけ		9.00		＊材料		
歯厚	またぎ歯厚	30.64$_{-0.29}^{-0.07}$（またぎ歯数 = 3）		＊熱処理＊硬さ		

14.3 キーおよびキー溝

キー key は，軸と歯車などの回転体の結合に用いられる機械要素で，軸および回転部品の**キー溝**にキーをはめて回転を伝える．キーには**図 14.14** に示すように**平行キー**の他に，**こう配キー**，**半月キー**などがある．平行キーの寸法を**表 14.4** に示す．

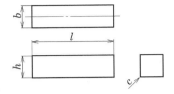

図 14.14　平行キーの形状*

表 14.4　平行キーの寸法（単位 mm）*

キーの 呼び寸法 $b \times h$	キー本体						
	b		h				
	基準 寸法	許容差 (h9)	基準 寸法	許容差		$c^{(2)}$	$l^{(1)}$
2×2	2	0 −0.025	2	0 −0.025	h9	0.16〜0.25	6〜 20
3×3	3		3				6〜 36
4×4	4	0 −0.030	4	0 −0.030		0.25〜0.40	8〜 45
5×5	5		5				10〜 56
6×6	6		6				14〜 70
(7×7)	7	0 −0.036	7	0 −0.036			16〜 80
8×7	8		7	0 −0.090	h11	0.40〜0.60	18〜 90
10×8	10		8				22〜110
12×8	12	0 −0.043	8				28〜140
14×9	14		9				36〜160
(15×10)	15		10				40〜180
16×10	16		10				45〜180
18×11	18		11	0 −0.110			50〜200

注 $(^1)$　l は，表の範囲内で，次の中から選ぶのがよい．
　　なお，l の寸法許容差は，h12 とする.
　　6, 8, 12, 14, 16, 18, 20, 22, 25, 28, 32, 36, 40, 45, 50, 56, 63, 70,
　　80, 90, 100, 11, 125, 140, 160, 180, 200
注 $(^2)$　45° 面取り（c）の代わりに丸み（r）でもよい．
　　呼び寸法 20×12 以上は省略

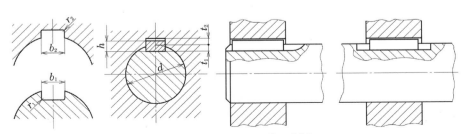

図 14.15　平行キー用キー溝の形状*

表 14.5 平行キー用キー溝の寸法（単位 mm）*

キーの呼び寸法 $b \times h$	b_1及びb_2の基準寸法	滑動形		普通形		締込み形	r_1及びr_2	t_1の基準寸法	t_2の基準寸法	t_1及びt_2の許容差	参考
		b_1 許容差 (H9)	b_2 許容差 (D10)	b_1 許容差 (N9)	b_2 許容差 (Js9)	b_1及びb_2 許容差 (P9)					適応する軸径(¹) d
2×2	2	+0.025 / 0	+0.060 / −0.020	−0.004 / −0.029	±0.0125	−0.006 / −0.031	0.08～0.16	1.2	1.0	+0.1 / 0	6～8
3×3	3							1.8	1.4		8～10
4×4	4	+0.030 / 0	+0.078 / +0.030	0 / −0.030	±0.0150	−0.012 / −0.042		2.5	1.8		10～12
5×5	5						0.16～0.25	3.0	2.3		12～17
6×6	6							3.5	2.8		17～22
(7×7)	7	+0.036 / 0	+0.098 / +0.040	0 / −0.036	±0.0180	−0.015 / −0.051		4.0	3.3	+0.2 / 0	20～25
8×7	8							4.0	3.3		22～30
10×8	10						0.25～0.40	5.0	3.3		30～38
12×8	12	+0.043 / 0	+0.120 / +0.050	0 / −0.043	±0.0215	−0.018 / −0.061		5.0	3.3		38～44
14×9	14							5.5	3.8		44～50
(15×10)	15							5.0	5.3		50～55
16×10	16							6.0	4.3		50～58
18×11	18							7.0	4.4		58～65

注 (¹) 適応する軸径は，キーの強さに対応するトルクから求められるものであって，一般用途の目安として示す．キーの大きさが伝達するトルクに対して適切な場合には，適応する軸径より太い軸を用いてもよい．その場合には，キーの側面が，軸およびハブに均等に当たるように t_1 および t_2 を修正するのがよい．適応する軸径より細い軸には用いない方がよい．

備考　括弧を付けた呼び寸法のものは，対応国際規格には規定されていないので，新設計には使用しない．呼び寸法 20×12 以上は省略．

平行キー用キー溝の形状を**図 14.15** に，その寸法を**表 14.5** に示す．平行キーではキーの高さ h よりも軸とボスのキー溝深さの和（$t_1 + t_2$）が大きくすきまがある．また，キーと軸のキー溝，キーとボスのキー溝の寸法許容差から滑動形，普通形，締込み形の 3 種類の結合形式がある．

14.4　転がり軸受

回転する軸を支持する機械要素を**軸受** bearing という．**転がり軸受**は，玉やころを**転動体**とする軸受で，国際的な規格により量産され多くの機械に用いられている．図面ではねじと同様に簡略な図示法により表される場合が多い．

14.4.1　基本簡略図示法

転がり軸受の簡略図示法を**図 14.16**（a）に示す．軸受外径を表す四角形状とその中央に直立した十字を外形線で表す．なお十字は外形線に接しないように示す．実際に近い形状で描く場合は図 14.16（b）のようにし，軸の中心線を示す場合は図 14.16（c）のように描く．簡略図示法では，ハッチングは施さない．

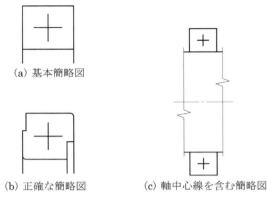

（a）基本簡略図

（b）正確な簡略図　　　（c）軸中心線を含む簡略図

図 14.16　転がり軸受の基本簡略図示法*

14.4.2　個別簡略図示法

　転動体の列数や調心など，転がり軸受をより詳細に示す場合は，**表 14.6** の転がり軸受の形体要素を用いた個別簡略図示法が用いられる．軸受を軸方向から見て図示するときには，**図 14.17** のように，転動体（玉，ころ，針状ころなど）は実際の形状および寸法にかかわらず円で表示してよい．**表 14.7** に代表的な転が

表 14.6　個別簡略図示方法の要素*

番号	要素		説明	用い方
1.1	———————	(1)	長い実線 (3) の直線	調心できない転動体の軸線
1.2	⌒	(1)	長い実線 (3) の円弧	調心できない転動体の軸線または調心輪・調心座金
1.3			転動体の軸直角に直交する実線でラジアル中心線に一致する	転動体の列数および転動体の位置を示す
	他の表示例 ○	(2)	円	玉
	▭	(2)	長方形	ころ
	▭	(2)	細長い長方形	針状ころ，ピン

注 (1)　この要素は，軸受の形式によって傾いて示してもよい．
注 (2)　短い実線の代わりに，これらの形状を転動体として用いてもよい．
注 (3)　線の太さは，外形線と同じとする．

り軸受の簡略図示方法の例を示す.

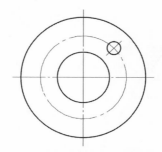

図 14.17　転動体の簡略図示（軸直角方向)*

表 14.7　転がり軸受の簡略図示*

簡略図示方法		
┼	単列深溝玉軸受	単列円筒ころ軸受
︵	複列自動調心玉軸受	
／	単列アンギュラ玉軸受	
┼─┼	単式スラスト玉軸受	

14.5　溶　　接

　溶接 welding は二つ以上の金属部材を永久的に接合することであり，溶接で接合された部分を**溶接継手**という．**図 14.18** に代表的な溶接継手の種類を示す.

　溶接部の基本形式には，**突合せ溶接**，**すみ肉溶接**，**プラグ溶接**などがある．突合せ溶接は，部材の端を直接突合せ，端面に設けられる**開先**（かいさき）と呼ば

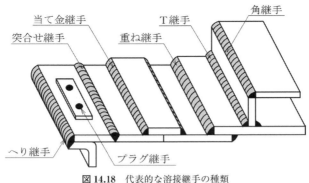

図14.18 代表的な溶接継手の種類

れる溝に盛金を行う溶接で，開先の形状には，Ｉ形やＶ形，Ｘ形，レ形などがある．すみ肉溶接は，**重ね継手**，**Ｔ継手**，**角継手**など，溶着部が三角形状の断面となる溶接である．プラグ溶接は，一方の部材に設けた穴の部分で溶着する溶接である．**表14.8**に各種開先の名称とその記号を示す．

　溶接記号の構成は，**図14.19**に示すように，基本的に矢，基線および溶接部記

表14.8 開先名称と溶接の基本記号*

名称	記号	名称	記号	名称	記号
Ｉ形開先		Ｕ形開先		すみ肉溶接	
Ｖ形開先		Ｖ形 フレア溶接		プラグ溶接 スロット溶接	
レ形開先		レ形 フレア溶接		ビード溶接	
Ｊ形開先		へり溶接		肉盛溶接	

注記　表の記号欄の点線は，基線を示す．

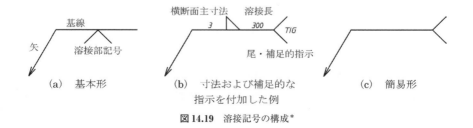

（a）　基本形　　　　　（b）　寸法および補足的な　　　（c）　簡易形
　　　　　　　　　　　　　　　指示を付加した例

図14.19 溶接記号の構成*

号で構成する．必要に応じ寸法を添え，尾を付けて補足的な指示をして良い．単に溶接で接合すればよい場合は，溶接部記号などを省略した簡易記号を用いればよい．

　図14.20 に示すように溶接部記号の位置は，記号の矢の側を溶接するときまたは手前側のときは，基線の下側に記載する．矢の反対側を溶接するときは，基線の上側に記載する．**表14.9** は具体的な溶接記号の使用例を示したものである．

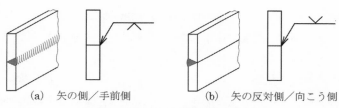

（a）矢の側／手前側　　　　　　（b）矢の反対側／向こう側

図14.20　基線に対する溶接部記号の位置*

表14.9　溶接記号の使用例*

溶接部の説明	実形	記号表示
I 形開先 ルート間隔 2mm		
V形開先 　部分溶込み溶接 開先深さ 5mm 溶込み深さ 5mm 開先角度 60° ルート間隔 0mm		
すみ肉溶接 縦板側脚長 6mm 横板側脚長 12mm		

参　　考

材料記号

a.　鉄鋼記号の構成

鉄鋼記号の構成は，一部の例外を除いて以下による.

材質	規格名（製品名）	種類	補助記号
(1)	(2)	(3)	(4)

(1)　材質：英語やローマ字の頭文字，または元素記号で材質を表す. S（steel, 鋼）や F（ferrum, 鉄）で始まるものが多い.

(2)　規格名：英語やローマ字の頭文字で，製品の形状（板，棒，管，線など）や用途（工具，鋳物，鍛造，特殊用など）を示す記号を単独または組合せて製品名を表す.

(3)　種類：材料の種類番号の数字や最低引張強さまたは耐力を表す. ただし機械構造用鋼では，主要合金元素量コードと炭素量との組合せで種類を表す.

(4)　補助記号：形状や製造方法，熱処理，仕上げなどを記号化して示す必要がある場合は，種類記号に続けて符号または記号で表す.

なお，不必要な記号は省略し，上記の順で左詰めにして表す.

例：SS 400（一般構造用圧延鋼材）

　　　　　　(3)　最低引張強さ 400N/mm^2
　　　　　　(2)　一般構造用圧延鋼材（structure）
　　　　　　(1)　鋼（steel）

例：S 45C（機械構造用炭素鋼鋼材）

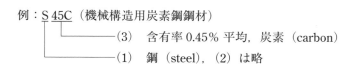

　　　　　　(3)　含有率 0.45% 平均，炭素（carbon）
　　　　　　(1)　鋼（steel），(2) は略

例：FC 200（ねずみ鋳鉄品）

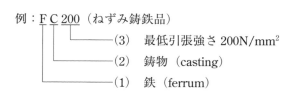

　　　　　　(3)　最低引張強さ 200N/mm^2
　　　　　　(2)　鋳物（casting）
　　　　　　(1)　鉄（ferrum）

b.　非鉄金属記号の構成

　非鉄金属材料は，アルミニウム展伸材，伸銅品，銅および銅合金鋳物とこれら以外の4つに区分され，記号が付けられている．アルミニウム展伸材や伸銅品は材質の種類も多く新材料も増えているため，AA（Aluminium Association）やCDA（Copper Development Association）による国際的な記号が用いられるようになってきた．

①アルミニウム展伸材　　アルミニウム（以下アルミという）展伸材の材質記号は，第1位のAと4けたの数字（AA：国際登録合金番号）で表す．

1位	2位	3位	4位	5位	形状記号
A					

第2位：純アルミの場合は1，アルミ合金の場合は，主要添加元素（Cu，Mg,，Si，Znなど）により区分した合金の系統を表す2〜8の数字．

第3位：基本合金は0，改良型合金は1〜9を用い，国際登録合金以外の合金（日本独自のものなど）はNとする．

第4，5位：純アルミは小数点以下2けたの純度，合金は旧アルコア記号，日本独自の合金は合金系列制定順に01〜99の番号をつける．

　アルミの材質記号に付記される1〜3個の英字は，材料の製造工程や製品形状を示す記号である．

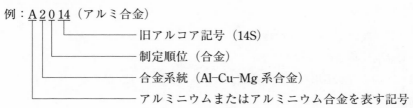

例：A2014（アルミ合金）
旧アルコア記号（14S）
制定順位（合金）
合金系統（Al–Cu–Mg系合金）
アルミニウムまたはアルミニウム合金を表す記号

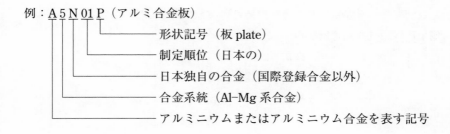

例：A5N01P（アルミ合金板）
形状記号（板 plate）
制定順位（日本の）
日本独自の合金（国際登録合金以外）
合金系統（Al–Mg系合金）
アルミニウムまたはアルミニウム合金を表す記号

②伸銅品　　伸銅品の材質記号は，銅を表す第1位の C と 4 けたの数字（第 2～4 位は CDA の合金記号の数字）で表す.

1位	2位	3位	4位	5位	形状記号
C					

第2位：主要添加元素（Zn，Pb，Sn，Al など）で区分した合金の系統を表す数字.

第3，4位：第2位とともに CDA の合金記号を表す数字.

第5位：CDA と等しい基本合金は 0，それ以外の改良合金は 1～9 を用いる.

付記される 1～3 個の英字は，材料の形状を示す記号である.

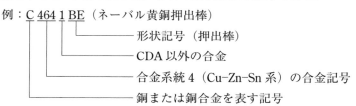

例：C 464 1 BE（ネーバル黄銅押出棒）
- 形状記号（押出棒）
- CDA 以外の合金
- 合金系統 4（Cu–Zn–Sn 系）の合金記号
- 銅または銅合金を表す記号

③アルミ展伸材，伸銅品を除くその他の非鉄金属材　　鋼鉄記号と同様に，原則として次の部分で構成された記号が用いられる.

材質	製品名	種類	–	質別記号
(1)	(2)	(3)		(4)

（1）材質：英語やローマ字の頭文字，または元素記号で材質を表す.

（2）製品名：英語やローマ字の頭文字で，製品の形状（板，棒，管，線など）や用途（印刷用，水道用など）を表す．D（冷間引抜），E（熱間押出）を付記して加工法を示す場合も多い.

（3）種類：材料の種類を，数字または数字と英大文字で表す.

（4）質別記号：必要に応じて硬さや熱処理などを質別記号で表す.

例：PB C 2（りん青銅鋳物）
- 種類（2種）
- 製品名用途（鋳造 casting）
- 材質（りん青銅 phosphor bronze）

付表・付図

付表1 一般用メートルねじの基準寸法（単位 mm）*

1欄 第1選択	2欄 第2選択	3欄 第3選択	ピッチ P	谷の径 D／外径 d	有効径 D₂／有効径 d₂	内径 D₁／谷の径 d₁
3			0.5	3.000	2.675	2.459
			0.35		2.773	2.621
	3.5		0.6	3.500	3.110	2.850
			0.35		3.273	3.121
4			0.7	4.000	3.545	3.242
			0.5		3.675	3.459
	4.5		0.75	4.500	4.013	3.688
			0.5		4.175	3.959
5			0.8	5.000	4.480	4.134
			0.5		4.675	4.459
		5.5	0.5	5.500	5.175	4.959
6			1	6.000	5.350	4.917
			0.75		5.513	5.188
	7		1	7.000	6.350	5.917
			0.75		6.513	6.188
8			1.25	8.000	7.188	6.647
			1		7.350	6.917
			0.75		7.513	7.188
		9	1.25	9.000	8.188	7.647
			1		8.350	7.917
			0.75		8.513	8.188
10			1.5	10.000	9.026	8.376
			1.25		9.188	8.647
			1		9.350	8.917
			0.75		9.513	9.188
		11	1.5	11.000	10.026	9.376
			1		10.350	9.917
			0.75		10.513	10.188
12			1.75	12.000	10.863	10.106
			1.5		11.026	10.376
			1.25		11.188	10.647
			1		11.350	10.917
	14		2	14.000	12.701	11.835
			1.5		13.026	12.376
			1.25		13.188	12.647
			1		13.350	12.917
		15	1.5	15.000	14.026	13.376
			1		14.350	13.917
16			2	16.000	14.701	13.835
			1.5		15.026	14.376
			1		15.350	14.917
		17	1.5	17.000	16.026	15.376
			1		16.350	15.917
	18		2.5	18.000	16.376	15.294
			2		16.701	15.835
			1.5		17.026	16.376
			1		17.350	16.917
20			2.5	20.000	18.376	17.294
			2		18.701	17.835
			1.5		19.026	18.376
			1		19.350	18.917

六角ナット

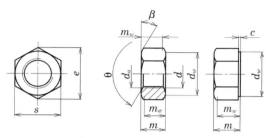

付図1 六角ナットの形状*

付表2 六角ナットの主要寸法（単位 mm）*

ねじの呼び　*d*			M1.6	M2	M2.5	M3	M4	M5	M6	M8	M10	M12
ピッチ　*P*			0.35	0.4	0.45	0.5	0.7	0.8	1	1.25	1.5	1.75
c		最大	0.2	0.2	0.3	0.40	0.40	0.50	0.50	0.60	0.60	0.60
		最小	0.1	0.1	0.1	0.15	0.15	0.15	0.15	0.15	0.15	0.15
d_a		最大	1.84	2.3	2.9	3.45	4.6	5.75	6.75	8.75	10.8	13
		最小	1.60	2.0	2.5	3.00	4.0	5.00	6.00	8.00	10.0	12
d_w		最小	2.4	3.1	4.1	4.6	5.9	6.9	8.9	11.6	14.6	16.6
e		最小	3.41	4.32	5.45	6.01	7.66	8.79	11.05	14.38	17.77	20.03
m		最大	1.30	1.60	2.00	2.40	3.2	4.7	5.2	6.80	8.40	10.80
		最小	1.05	1.35	1.75	2.15	2.9	4.4	4.9	6.44	8.04	10.37
m_w		最小	0.8	1.1	1.4	1.7	2.3	3.5	3.9	5.2	6.4	8.3
s	基準寸法＝最大		3.20	4.00	5.00	5.50	7.00	8.00	10.00	13.00	16.00	18.00
		最小	3.02	3.82	4.82	5.32	6.78	7.78	9.78	12.73	15.73	17.73

六角ボルト

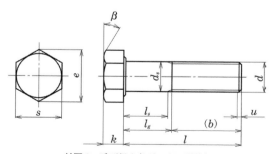

付図2 呼び径六角ボルトの形状*

付表3　呼び径六角ボルトの主要寸法（単位 mm）*

ねじの呼び (d)			M3	M4	M5	M6	M8	M10
P(1)			0.5	0.7	0.8	1	1.25	1.5
b（参考）		(2)	12	14	16	18	22	26
		(3)	18	20	22	24	28	32
		(4)	31	33	35	37	41	45
c		最大	0.40	0.40	0.50	0.50	0.60	0.60
		最小	0.15	0.15	0.15	0.15	0.15	0.15
d_a		最大	3.6	4.7	5.7	6.8	9.2	11.2
d_s		基準寸法＝最大	3.00	4.00	5.00	6.00	8.00	10.00
	部品等級 A	最小	2.86	3.82	4.82	5.82	7.78	9.78
	部品等級 B		2.75	3.70	4.70	5.70	7.64	9.64
d_w	部品等級 A	最小	4.57	5.88	6.88	8.88	11.63	14.63
	部品等級 B		4.45	5.74	6.74	8.74	11.47	14.47
e	部品等級 A	最小	6.01	7.66	8.79	11.05	14.38	17.77
	部品等級 B		5.88	7.50	8.63	10.89	14.20	17.59
l_f		最大	1	1.2	1.2	1.4	2	2
		基準寸法	2	2.8	3.5	4	5.3	6.4
k	部品等級 A	最大	2.125	2.925	3.65	4.15	5.45	6.58
	部品等級 A	最小	1.875	2.675	3.35	3.85	5.15	6.22
	部品等級 B	最大	2.2	3.0	3.26	4.24	5.54	6.69
	部品等級 B	最小	1.8	2.6	2.35	3.76	5.06	6.11
k_w(5)	部品等級 A	最小	1.31	1.87	2.35	2.70	3.61	4.35
	部品等級 B		1.26	1.82	2.28	2.63	3.54	4.28
r		最小	0.1	0.2	0.2	0.25	0.4	0.4
s		基準寸法＝最大	5.50	7.00	8.00	10.00	13.00	16.00
	部品等級 A	最小	5.32	6.78	7.78	9.78	12.73	15.73
	部品等級 B	最小	5.20	6.64	7.64	9.64	12.57	15.57

呼び長さ	部品等級 A l		部品等級 B l		l_s および l_g(6)(7) M3		M4		M5		M6		M8		M10	
	最小	最大	最小	最大	l_s最小	l_g最大	l_s最小	l_g最大	l_s最小	l_g最大	l_s最小	l_g最大	l_s最小	l_g最大	l_s最小	l_g最大
12	11.65	12.35	-	-												
16	15.65	16.35	-	-												
20	19.58	20.42	18.95	21.05	5.5	8										
25	24.58	25.42	23.95	26.05	10.5	13	7.5	11	5	9						
30	29.58	30.42	28.95	31.05	15.5	18	12.5	16	10	14	7	12				
35	34.5	35.5	33.75	36.25			17.5	21	15	19	12	17				
40	39.5	40.5	38.75	41.25			22.5	26	20	24	17	22	11.75	18		
45	44.5	45.5	43.75	46.25					25	29	22	27	16.75	23	11.5	19
50	49.5	50.5	48.75	51.25					30	34	27	32	21.75	28	16.5	24
55	54.4	55.6	53.5	56.5							32	37	26.75	33	21.5	29
60	59.4	60.6	58.5	61.5							37	42	31.75	38	26.5	34
65	64.4	65.6	63.5	66.5									36.75	43	31.5	39
70	69.4	70.6	68.5	71.5									41.75	48	36.5	44
80	79.4	80.6	78.5	81.5									51.75	58	46.5	54
90	89.3	90.7	88.25	91.75											56.5	64

注(1) Pは，ねじのピッチ；注(2) l呼び≦ 125mm に対して；注(3) 125mm < l呼び≦ 200mm に対して；
注(4) l呼び> 200mm に対して；注(5) $k_{w.最小}= 0.7k_{最小}$；注(6) $l_{g.最大}= l$呼び－ b, $l_{s.最小}= l_{g.最大}－ 5P$；
注(7) l_gは，最小締め付け長さである.
備考　推奨する呼び長さは，表中で l_s および l_g の欄に数値が記されたものとする.

索　引

著者略歴

松井 悟
1947 年 宮崎県に生まれる
1971 年 九州大学工学部動力機械工学
科卒業
国立久留米工業高等専門学校機械工学
科教授（2013 年まで）

竹之内和樹
1960 年 熊本県に生まれる
1988 年 九州大学大学院工学研究科
博士後期課程単位修得退学
現 在 九州大学大学院芸術工学研
究院教授
工学博士

藤 智亮
1969 年 滋賀県に生まれる
1992 年 九州芸術工科大学工業設計学
科卒業
現 在 九州大学大学院芸術工学研究
院准教授
博士（芸術工学）

森山茂章
1970 年 熊本県に生まれる
1997 年 九州大学大学院工学研究科
博士後期課程修了
現 在 福岡大学工学部機械工学科
教授
博士（工学）

初めて学ぶ **図学と製図** 改訂版　　　　　定価はカバーに表示

2011 年 4 月 15 日　初　版第 1 刷
2022 年 2 月 10 日　　　　第 12 刷
2023 年 4 月 5 日　改訂版第 1 刷

著　者　松　井　　　悟

竹　之　内　和　樹

藤　　　智　　　亮

森　山　茂　章

発行者　朝　倉　誠　造

発行所　株式会社　朝　倉　書　店
東京都新宿区新小川町 6-29
郵 便 番 号　162-8707
電　話　03（3260）0141
Ｆ Ａ Ｘ　03（3260）0180
https://www.asakura.co.jp

〈検印省略〉

ⓒ 2023 〈無断複写・転載を禁ず〉　　　　　シナノ印刷・渡辺製本

ISBN 978-4-254-23152-6　C 3053　　　　　Printed in Japan

熱力学 第2版

小口 幸成・高石 吉登 (編著)

B5 判／192 頁　978-4-254-23764-1 C3053　定価 3,520 円（本体 3,200 円＋税）

身近な熱現象の理解から，熱力学の基礎へと進む，初学者にもわかりやすい教科書。エネルギーの話題も充実〔内容〕熱／熱現象／状態量／温度／熱量／熱力学の第一法則／第二法則／物質とその性質／エネルギーと地球環境。

材料力学 —構造強度設計の基礎—

岡田 哲男・渡邉 啓介・川村 恭己・田中 義和・大沢 直樹・村山 英晶 (著)

A5 判／288 頁　978-4-254-23150-2 C3053　定価 4,620 円（本体 4,200 円＋税）

材料力学の基礎と実用を丁寧に。〔内容〕つり合いと静定構造物の内力／応力とひずみ／材料強度／棒およびはりの内力と変形／はりの応用／強度と荷重の確率的性質と構造物の信頼性／ねじり／円筒殻と球殻／エネルギー原理／長柱の座屈

最新 内燃機関 ［改訂版］

秋濱 一弘・津江 光洋・友田 晃利・野村 浩司・松村 恵理子 (編著)／他 4 名 (著)

A5 判／216 頁　978-4-254-23149-6 C3053　定価 3,520 円（本体 3,200 円＋税）

長年愛読された教科書を最新情報にアップデート〔内容〕緒論（熱機関等），サイクル，燃料，燃焼，熱マネージメント，力学，潤滑，性能と試験法，火花点火機関（ハイブリッド車含む），圧縮点火機関，ガスタービン，ロケットエンジン

楽しく学ぶ 破壊力学

成田 史生・大宮 正毅・荒木 稚子 (著)

A5 判／144 頁　978-4-254-23148-9 C3053　定価 2,530 円（本体 2,300 円＋税）

機械・材料系の破壊力学・材料強度学テキスト。〔内容〕材料の変形と破壊/孔まわりの応力は？ /ひずみエネルギーと破壊/クラック先端の応力は？ /クラックまわりの塑性変形/クラックに対する材料の抵抗/材料だって疲労する？ /付録：理論強度ってなに？，八面体せん断応力ってなに？，J 積分ってなに？

生体内移動論

Fournier, R. L.(著)／酒井 清孝 (監訳)

A5 判／756 頁　978-4-254-25043-5 C3058　定価 16,500 円（本体 15,000 円＋税）

定評ある "Basic Transport Phenomena in Biomedical Engineering" 第 4 版の翻訳。医工学で重要な生体内での移動現象を，具体例を用いて基礎から丁寧に解説。〔内容〕熱力学／体液の物性／物質移動／酸素の移動／薬物動態／体外装置／組織工学と再生医療／人工臓器／